LES
SECRETS ADMIRABLES

DU

GRAND ALBERT

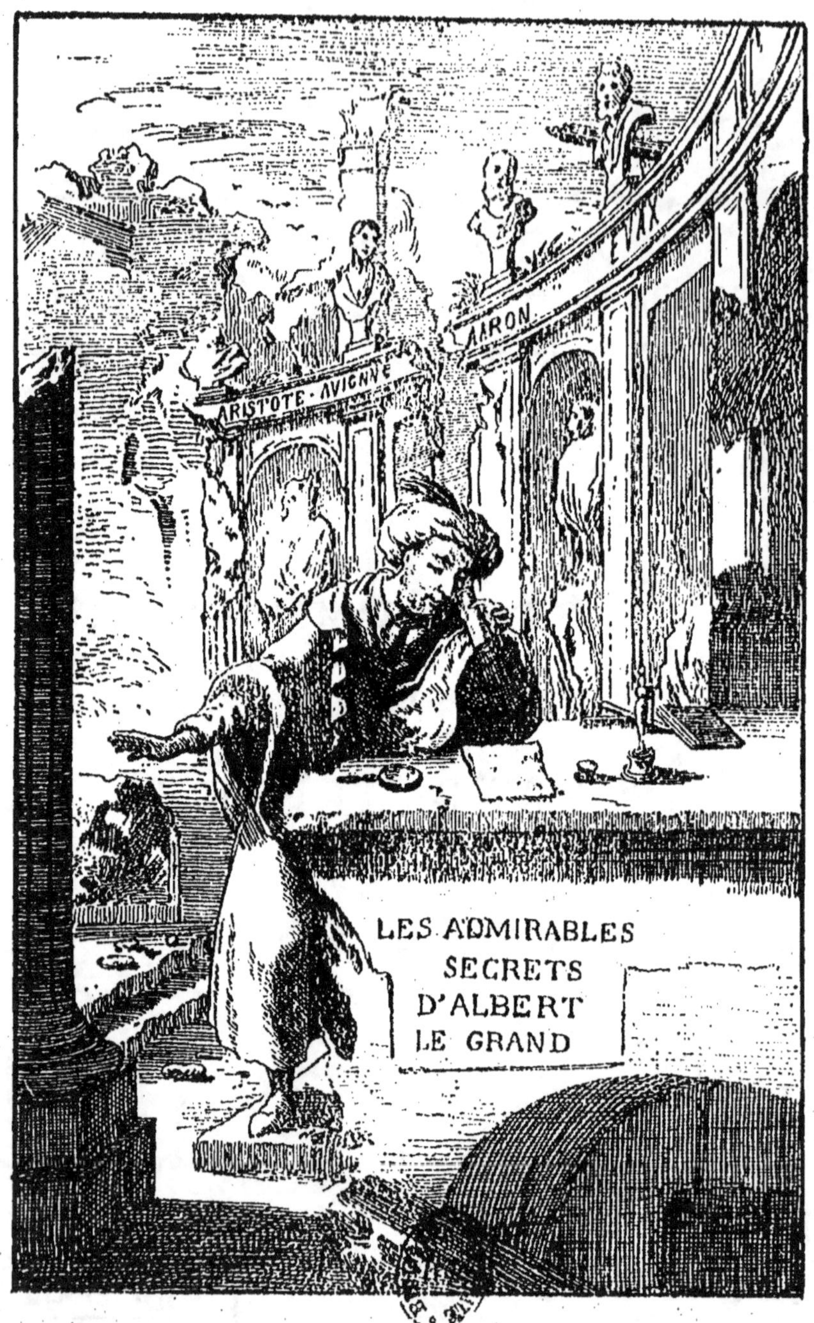
ARISTOTE · AVICENNE
AARON EVAX
LES ADMIRABLES
SECRETS
D'ALBERT
LE GRAND

LES SECRETS ADMIRABLES

DU

GRAND ALBERT

COMPRENANT :

LES INFLUENCES DES ASTRES,

LES VERTUS MAGIQUES

DES VÉGÉTAUX, MINÉRAUX ET ANIMAUX ;

les Curiosités Merveilleuses,

LA PHYSIOGNOMONIE

ET DES

RECETTES INFAILLIBLES POUR LA SANTÉ

DE L'HOMME ET DE LA FEMME

et pour leur Réussite en toutes choses.

---

*Version collationnée sur l'édition latine de 1651
et Illustrée de nombreux dessins.*

PARIS

CHEZ TOUS LES LIBRAIRES

—

AVANT-PROPOS

En compulsant cette reproduction des
Secrets du Grand Albert, bon nombre de
Lecteurs s'étonneront sans doute de la popu-
larité universelle qu'obtint au moyen âge ce
curieux formulaire traduit, depuis, en toutes
les langues, et tant de fois réédité.

Pourtant, ce succès prodigieux s'explique
sans difficulté, si l'on observe qu'il n'y a pas
cent ans, au moment même où l'Art médical
fut réorganisé par la Révolution française,
le Codex empirique était seul encore en
vigueur.

« Si la Société royale de médecine — dit Jean
Frollo (1), — si l'Académie de chirurgie, qui
représentaient, à la fin du dix-huitième siècle,
l'esprit nouveau, faisaient marcher la Science

(1) Voir le *Petit Parisien* (Janvier 1895).

en avant, quelles luttes décourageantes elles avaient à soutenir contre la vieille Faculté, fière de ses privilèges, et qui leur faisait une guerre sans merci !

« Là, la *Pharmacopée* de Nicolas Limery (réimprimée couramment jusqu'en 1807 !) faisait partie de l'enseignement officiel et classique.

« On reste stupéfait, aujourd'hui, quand on voit quels remèdes étaient proposés à l'édification des futurs praticiens.

« Ce traité jouissait, alors, d'une haute autorité, et voulez-vous savoir quelle était la composition de quelques-unes de ses recettes ?

« Par exemple, pour obtenir :

« L'*Huile de petits chiens* :

« Prenez deux petits chiens nouveau-nés. On les coupera par morceaux ; on les mettra dans un pot vernissé avec une livre de vers de terre bien vivants. Faites bouillir pendant douze heures jusqu'à ce que les petits chiens et les vers soient bien cuits...

« Elle est fort bonne pour fortifier les nerfs, pour la sciatique, la paralysie...

« Et l'*Huile d'araignées !*

« Prenez soixante grosses araignées *bien nourries*, laissez-les macérer pendant vingt-quatre heures dans un pot vernissé...

« On l'emploie pour les fièvres, la petite vérole, etc.

« Et l'*Eau d'hirondelles* !

« Prenez de petites hirondelles dans leur nid au nombre de vingt, du *crâne humain* râpé, du gui de chêne concassé...

« Propre pour l'épilepsie et l'apoplexie !

« Citerai-je encore l'*Onguent de Bacon* ? Le fameux *thé de M*^{me} *Gibou* ne fut rien en comparaison de ce qui entrait dans cet onguent :

« Prenez de la fiente de chapon, de celles de blaireau, de cheval, de mulet, de la moelle de cerf, de l'huile de pétrole... »

Les *Recettes du Grand Albert*, généralement adoptées jadis, au même titre que les susdites, offrent aux Amateurs l'intéressante étude des panacées préconisées par les anciens disciples d'Esculape, Aristote, Gallien, Hippocrate, etc.

Avant d'en rire ou de les taxer d'imposture, nous conseillons à nos Sceptiques de faire l'*essai loyal* de ces Secrets, pour ne rien critiquer ni rejeter sans preuves.

Qui sait si ces expériences ne leur réservent pas de merveilleuses révélations, dont les agréables surprises payeront leurs tentatives par des effets utiles, instructifs ou divertissants?...

A l'œuvre donc, hardis Chercheurs! Surtout, gardez-vous d'oublier que, pour vous assurer la réussite, deux choses sont indispensables :

La Foi persévérante et l'observation rigoureuse des instructions données, d'après l'Auteur, par

LE COMMENTATEUR E. D.

ALBERT LE GRAND

NOTICE HISTORIQUE

« **ALBERT** le **Grand**, l'un des savants les plus illustres du moyen âge, né en 1193, à Lawingen (Souabe), de la famille des comtes de Bollstœdt, mort à Cologne en 1280.

« Il étudia les sciences à Padoue, entra dans l'ordre des dominicains en 1222, enseigna la théologie et la philosophie à Ratisbonne, à Strasbourg, à Cologne, puis à Paris, où il séjourna trois ans (1245-1248), commentant la physique d'Aristote devant un auditoire innombrable, avide de sa parole.

« La foule qui se pressait à ses cours devint si considérable qu'il fut bientôt obligé d'enseigner en plein air sur une place qui a gardé son nom (la place *Maubert*, abréviation de *Magister Albertus*.)

1.

« De retour à Cologne, il continua, à l'ombre du cloître, ses profondes études et ses immenses recherches, fut élu en 1254 provincial de son ordre, et appelé l'année suivante à Rome par le pape Alexandre IV, qui le combla d'honneurs et le nomma évêque de Ratisbonne, en 1259. Il se démit de cette dignité trois ans plus tard, pour retourner à ses études et à son enseignement, qu'il n'abandonna que quelques années avant sa mort.

« Il fut le maître de saint Thomas d'Aquin. Sa fécondité n'était pas moins prodigieuse que sa science : les ouvrages qu'on lui attribue ont été recueillis en 1651, et forment 21 volumes in-folio, sans parler d'une multitude d'écrits évidemment apocryphes. Son érudition, extraordinaire pour l'époque, était surtout puisée dans les travaux des Arabes et des rabbins.

« Albert avait aussi une connaissance approfondie d'Aristote, dont beaucoup de ses ouvrages ne sont que des commentaires. C'est avec lui que commencent ces théories subtiles de la *matière* et de la *forme*, de l'*essence* et de l'*être*, qui ont passionné les docteurs du moyen âge et qui n'ont conservé qu'une mince valeur philosophique.

« En théologie, il suivit Pierre Lombard et chercha assez vainement à concilier les *réalistes* et les *nominalistes*. Son plus beau titre de gloire est dans ses travaux sur les sciences naturelles. Sa physique est presque complétement extraite d'Aristote, dont il partageait les erreurs. Mais la chimie lui doit d'importantes découvertes.

« Il fit le premier l'analyse du cinabre, donna de bonnes descriptions des propriétés du soufre, de la préparation de la potasse caustique, de l'acide nitrique, dont il indique les propriétés principales, et montra des connaissances singulièrement précises sur certains acides, sur les métaux, les pierres et les sels.

« Du reste, ce grand homme partagea les erreurs de son temps sur l'alchimie, les sciences occultes, la transmutation des métaux, etc., et ses recherches en ce genre n'ont pas moins contribué que son profond savoir à faire de sa légende la plus populaire de toutes celles des savants du moyen âge.

« Plusieurs des faits merveilleux qu'on rapporte peuvent, au reste, recevoir une explication rationnelle.

« Ainsi la tête parlante qu'il avait eue dans son cabinet de Cologne, et que brisa son disciple Thomas d'Aquin, n'était sans doute qu'un automate qui articulait des sons ; l'*hiver changé en printemps* lors du banquet donné à l'empereur Guillaume, doit vraisemblablement s'entendre de fleurs et de fruits conservés par un procédé particulier, etc.

« Quoi qu'il en soit, c'est sous l'aspect d'un magicien de légende que le peuple a conservé son souvenir, et les pâtres de nos campagnes consultent encore avec une foi aveugle les traités de sorcellerie connus sous les noms de *Secrets admirables du grand Albert et Secrets du petit Albert.* »

(Extrait du *Grand dictionnaire* P. Larousse.)

PRÉFACE DU TRADUCTEUR (1)

———

« Le nom d'Albert-le-Grand parle assez en faveur de ce livre dont il est l'auteur.

« Celui qui l'a traduit s'est servi d'un ancien manuscrit de ce savant homme, et a suivi ses sentiments le plus fidèlement possible, non pour se faire connaître lui-même, mais pour l'utilité du Public, qui était privé (soit par ignorance du peuple, soit par la négligence de ceux qui pouvaient le faire) de tant de *Secrets admirables* que cet illustre Personnage avait recherchés avec un travail de plusieurs années et un soin infatigable.

« Ce petit volume contient : Un abrégé de ce que les Médecins et Philosophes les plus fameux ont dit de l'influence des Astres, de leur domination sur toutes les heures des

———

(1) Cette traduction a paru en MDCCLVIII à Lyon, chez les héritiers de *Beringos Fratres*, à l'enseigne d'Agrippa.

jours et des nuits et sur le cours de l'existence humaine.

« Les Curieux y trouveront aussi plus de **800** *Secrets* faciles à éprouver, et presque tous expérimentés par ALBERT-LE-GRAND, non seulement pour leur divertissement et leur plaisir, mais encore pour leur bien-être.

« On y ajoute un *Traité des Fientes* qui, quoique viles et méprisables, sont cependant inestimables, si l'on s'en sert de la manière indiquée.

« La description des Vertus merveilleuses de certains Végétaux, Minéraux et Animaux ; l'Antidote des Fièvres malignes et des Poisons, et de précieuses observations sur la PHYSIOGNOMONIE, complètent cet ouvrage, qui ne peut qu'être bien accueilli.

« On en saura bon gré au Traducteur, et surtout au Libraire qui a bien voulu faire les frais de l'édition pour l'agrément et l'intérêt des Lecteurs. »

LIVRE PREMIER

ASTROLOGIE

LES
SECRETS ADMIRABLES
DU
GRAND ALBERT

LIVRE PREMIER

ASTROLOGIE

I. — Influence des Planètes sur la Formation et sur la Vie de l'Homme.

Du moment de sa conception, l'*Embryon*, au sein de sa mère, met dix-huit jours à se former : c'est-à-dire que le visage se dessine, que les divers membres se détachant du corps acquièrent leurs dimensions proportionnelles, qui continuent à se développer par la suite.

Or, les savants astronomes affirment que les puissances vitales de l'âme renfermée dans un corps lui viennent de l'influence des mondes supérieurs.

En effet, le suprême Moteur, qui embrasse dans son mouvement quotidien toutes les sphères inférieures, communique à la matière la vertu d'exister et de se mouvoir. Le globe des Étoiles fixes inculque ainsi à l'Embryon le pouvoir de se distinguer suivant la forme qu'il doit réaliser. Ainsi :

SATURNE donne à l'âme le discernement et la raison.

JUPITER, la générosité et plusieurs autres nobles passions.

MARS, la colère, la haine, etc.

LE SOLEIL, la science, la mémoire et la joie.

VÉNUS, les mouvements voluptueux.

MERCURE, l'attrait du plaisir.

LA LUNE, enfin, source de toutes les vertus naturelles, fortifie dans l'âme les divers dons qu'elle a reçus des six autres Planètes.

De son côté le Corps de l'Embryon, formé par les effets de ces mêmes Étoiles, subit de leur part diverses influences. C'est ainsi qu'il doit à la froideur sèche de Saturne la condensation et la solidification de son germe d'abord liquide.

Cette matière première dépendant des Corps Célestes et de leurs mouvements, la Nature n'agit et ne fait rien sans leur direction.

Cependant les Astres, dans leur travail, se servent du concours des êtres terrestres, et chaque Planète a la propriété de produire avec les éléments matériels, telle forme convenable au corps en formation. Ce qui fait dire au Philosophe, que tous les corps inférieurs sont réglés et conservés par le mouvement alternatif des Célestes et des éléments qui entrent généralement dans la composition des *Mixtes*.

Il ajoute que les Animaux dépendent entièrement des Planètes, qui déterminent et leur donnent l'être qu'ils doivent avoir. Toutes les créatures, après avoir été préparées et disposées par la suprême Intelli-

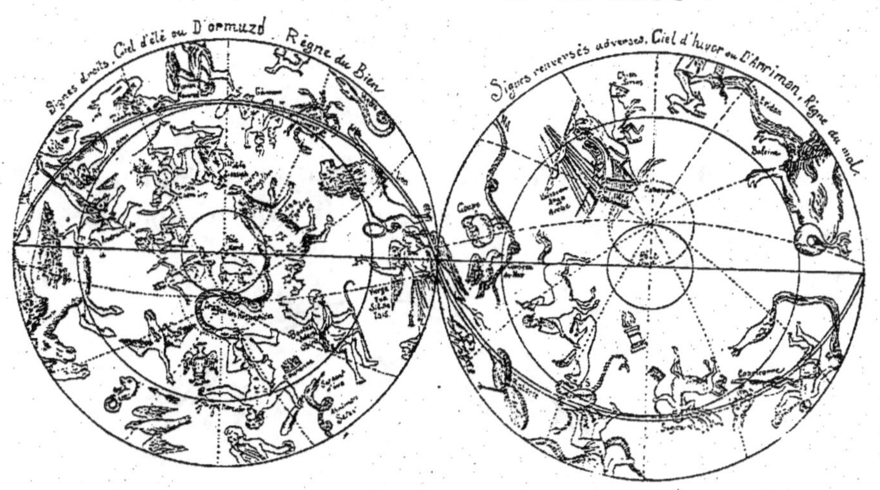
Signes droits, Ciel d'été ou D'ormuzd, Règne du Bien
Signes renversés adverses, Ciel d'hiver ou D'Ahriman, Règne du mal

gence, ont donc encore besoin des influences de quelque Signe astral, qui leur imprime leur forme particulière.

« Au lever du Soleil, remarque Aristote, les Animaux sont pleins de vie, et ils languissent dès qu'il se couche ! »

C'est à *Saturne*, que l'Embryon doit sa matière et sa forme : car c'est lui qui domine pendant le premier mois de la Conception.

Jupiter le remplace dans le second; et par une faveur spéciale et une vertu qui lui est singulière,

il dispose la matière à prendre et à recevoir ses organes spéciaux; de plus, il la renforce par une chaleur merveilleuse et humecte toutes les parties

qui avaient été desséchées par Saturne.

Au troisième mois, *Mars*, avec sa chaleur, moule

la tête, sépare le cou des bras, les bras des côtés et ainsi des autres membres.

Le *Soleil*, qui domine au quatrième mois, crée le

cœur et anime l'*âme sensitive*. Cependant Aristote prétend que le cœur est engendré avant toutes les

autres parties, et que c'est de lui qu'elles sortent. Quelques médecins regardent le Soleil comme la source et l'origine de la vie.

Vénus, au cinquième mois, perfectionne par son

influence, divers appendices extérieurs ; elle forme les oreilles, le nez, les os, les parties sexuelles ; de plus, elle sépare et distingue les mains, les pieds et les doigts.

Au sixième mois, sous les effluves de Mercure, se dessinent les organes de la voix ; les yeux, les sourcils, les cheveux et les ongles apparaissent.

La *Lune* achève, dans le septième mois, le corps en formation et son humidité comble les vides qu se rencontrent dans la chair, tandis que *Vénus* et *Mercure* le nourrissent en l'humectant.

Le *Fœtus*, dans le huitième mois, subit encore l'influence de Saturne qui le sèche et le refroidit à tel point qu'il en périrait, si *Jupiter*, qui règne au neuvième mois, ne lui rendait la force et la vigueur par sa chaude humidité.

II. — Des signes du Zodiaque.

Il faut encore remarquer que tous les membres du corps dépendent des douze *Signes du Zodiaque*.

Le BÉLIER est le premier de tous les Signes célestes, et quand il renferme le Soleil avec modération, il communique le chaud et l'humide qui excitent à la génération.

C'est pourquoi l'on appelle le mouvement du Soleil dans le Bélier, la source et le principe de la vie. Ainsi on lui attribue la tête de l'Homme avec toutes ses parties. Car de même que la tête est la plus noble portion du corps, le Bélier, dans le ciel est le plus noble de tous les Signes, puisque, par son concours, le Soleil meut et excite le chaud et l'humide de la Nature, comme la tête dans l'Homme est le principe des esprits vitaux.

Le TAUREAU domine sur le cou.

Les GÉMEAUX, sur le foie et la rate.

L'Écrevisse, sur les mains et les bras.

Le Lion, sur la poitrine, le cœur et le diaphragme.

La Vierge, sur l'estomac, les intestins, les côtes et les muscles.

Ces six signes partageant le Ciel, ne gouvernent que la moitié du corps.

La Balance regardant les reins, est l'origine et le principe des autres membres.

Le Scorpion régit dans l'homme et dans la

femme, les endroits propres à la concupiscence.

Le Sagittaire influe sur le nez et les excréments.

Le Capricorne, sur les genoux et les mollets.

Le Verseau, sur les cuisses.

Les Poissons, sur les pieds.

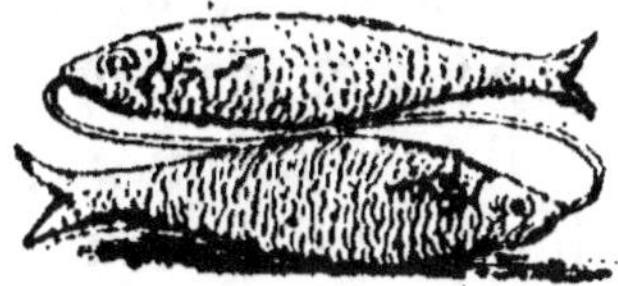

Ces influences astrales ne sont nullement imaginaires, on peut en faire l'expérience dans bien des cas : par exemple, il est dangereux de se blesser un membre lorsque la *Lune* est dans le Signe qui le domine, car alors elle en augmente l'humidité. Si l'on expose de la chair fraîche, la nuit, aux rayons de la Lune, il s'y engendrera des vers, surtout dans la *pleine Lune*. Dans son *dernier quartier*, ses rayons en s'imprimant dans la tête d'une personne qui dort lui donnent la migraine et l'enrhument.

Pour bien comprendre ce qui précède, il faut remarquer qu'il y a quatre états différents dans la Lune :

Dans le premier quartier, elle est chaude et humide.

Dans le second, elle est chaude et sèche, jusqu'à sa plénitude.

Dans le troisième, elle devient froide à mesure qu'elle décroît.

Dans le dernier, elle conserve sa froideur jusqu'à ce qu'elle se rapproche du Soleil.

C'est dans cet état particulièrement qu'elle corrompt ce qui est humide, et rend très dangereuses les blessures reçues alors.

III. — Influences physiques et morales des astres.

Saturne étant plus élevé, plus obscur, plus pesant et plus lent que les autres planètes, fait que celui qui naît sous sa domination a le corps de couleur sombre, les cheveux noirs et drus, la tête grosse et barbue, l'estomac petit et les talons fendus.

Quant à l'âme, il est méchant, perfide, traître, colère, mélancolique et de mauvaise vie. Il aime l'ordure, et les habits en haillons; il abhorre la luxure, mais il a toutes les mauvaises qualités physiques et morales.

Jupiter, qui est une planète douce, brillante, tempérée et heureuse, donne à celui qui naît sous lui : le visage beau, les yeux clairs, la barbe blonde. Cet homme a, de plus, les deux dents supérieures grandes et également éloignées l'une de l'autre, le teint blanc et rose et de longs cheveux.

Moralement, il est bon, honnête et modeste. Il vivra longtemps. Il aime les riches costumes, les parfums et les mets savoureux. Il est miséricordieux, bienfaisant, magnifique, agréable, vertueux, sincère dans son langage, et grave dans sa démarche.

Mars, avec sa chaleur et sa sécheresse excessives produit des hommes au teint basané et rougeâtre, aux cheveux courts, aux yeux petits, au corps courbé et mal bâti.

Ces gens-là sont inconstants, perfides, impudents, hautains, coléreux et capables de semer la discorde.

Le Soleil, qu'on appelle l'œil et la lumière du Monde, accorde au nouveau-né une chair potelée, une jolie figure et de grands yeux. Il deviendra suffisamment barbu avec de longs cheveux.

Quelques philosophes prétendent, que sous une belle apparence il cachera une âme hypocrite; d'autres, qu'il sera apte à devenir très savant; d'autres, enfin, le considèrent comme pieux, régulier dans ses mœurs, aimant le bien, détestant le mal.

VÉNUS est bienfaisante, celui qu'elle domine est de taille moyenne, mais ses yeux, ses sourcils arqués lui donnent un aspect charmant.

Franc, jovial, instruit, il aime le chant, la danse et les divertissements. Ainsi que son allure, ses habits sont très élégants.

MERCURE, rapproché du Soleil dont il tire son éclat, rend l'homme bien fait de corps mais de taille moyenne; une superbe barbe ombrage ses traits réguliers. Il est sage, subtil, aime l'étude de la philosophie, il parle juste, et s'il n'a pas de fortune, il compte de nombreux amis; constant et loyal, il est de bon conseil.

LA LUNE, la plus agitée des planètes, rend l'homme errant et volage; petit, un œil plus grand que l'autre; il dit la vérité; mais, malgré sa tournure agréable, c'est un propre à rien.

C'est ainsi que toutes les planètes se communiquent nécessairement par une vertu divine, et rien ne peut empêcher les influences des corps célestes qui donnent la vie ou la mort.

Avicennes, parlant des effets merveilleux des Astres sur la matière, dit :

« Prenez les cheveux d'une femme qui aura ses règles; mettez-les sous de la terre grasse où il y aura eu du fumier pendant l'hiver; et au commencement du printemps ou de l'été, quand ils seront échauffés par la chaleur du Soleil, il s'en formera un serpent dont la semence en engendrera d'autres de même espèce.

« Les êtres *imparfaits* : mouches, vers, etc., naissent aussi de l'action du Soleil sur des matières corrompues. »

IV. — Puissances végétative et sensitive de l'Embryon.

Pour compléter nos instructions, nous ferons observer que l'*Embryon* se forme dans le sein maternel par la vertu génératrice de son germe et sa puissance *végétative*, et qu'ensuite, suivant l'ordre de la Nature, il s'y joint une âme *sensitive*, puis une autre âme immatérielle.

Ces deux puissances végétative et sensitive, identiques dans leur essence, diffèrent par leurs opérations et dans leurs objets.

L'*Embryon* vit premièrement comme une plante; en second lieu, il a une vie animale; enfin, il vit comme un animal de telle espèce. L'homme a, de plus, une vertu *intellectuelle* qui ne s'engendre pas avec la matière, mais qui lui est infusée et communiquée du Ciel. C'est pourquoi on l'appelle la fin et la perfection de toutes les formes qui sont dans l'Univers.

Les Docteurs disent que la première vie de l'Homme est cachée, la seconde apparente, et la troisième excellente et glorieuse. Que le sens naturel vient de la première; que les sens animaux dérivent de la seconde qui leur donne le sentiment, la vue, l'ouïe, l'odorat et le mouvement volontaire; que la troisième, enfin, crée le sens spirituel, d'où naissent la raison, le jugement, etc.

V. — Influences quotidiennes des Planètes.

Le Soleil préside au *Dimanche*,
La Lune   —   *Lundi*.
Mars   —   *Mardi*.
Mercure   —   *Mercredi*.

JUPITER préside au *Jeudi.*
VÉNUS   ----   *Vendredi.*
SATURNE   ---   *Samedi.*

VI. — Des heures diurnes et nocturnes.

PLANÉTES DOMINANTES

À LA	HEURES	
	DE JOUR	DE NUIT
DIMANCHE		
Ire............	Soleil.........	Jupiter.
IIe............	Vénus..........	Mars.
IIIe............	Mercure........	Soleil.
IVe............	Lune..........	Vénus.
V^e............	Saturne........	Mercure.
VIe............	Jupiter........	Lune.
VIIe............	Mars..........	Saturne.
VIIIe........	Soleil.........	Jupiter.
IXe............	Vénus..........	Mars.
X^e............	Mercure........	Soleil.
XIe............	Lune..........	Vénus.
XIIe............	Saturne.......	Mercure.
LUNDI		
Ire............	Lune..........	Vénus.
IIe............	Saturne.......	Mercure.
IIIe............	Jupiter.......	Lune.
IVe............	Mars..........	Saturne.
V^e............	Soleil.........	Jupiter.
VIe............	Vénus.........	Mars.
VIIe............	Mercure.......	Soleil.
VIIIe........	Lune..........	Vénus.
IXe............	Saturne.......	Mercure.
X^e............	Jupiter.......	Lune.
XIe............	Mars..........	Saturne.
XIIe............	Soleil.........	Jupiter.

PLANÈTES DOMINANTES

—

	A LA	HEURES	
		DE JOUR	DE NUIT
MARDI	Iʳᵉ............	Mars............	Saturne.
	IIᵉ............	Soleil	Jupiter.
	IIIᵉ............	Vénus..........	Mars.
	IVᵉ............	Mercure........	Soleil.
	Vᵉ............	Lune...........	Vénus.
	VIᵉ............	Saturne. . . .	Mercure.
	VIIᵉ............	Jupiter........	Lune.
	VIIIᵉ............	Mars...........	Saturne.
	IXᵉ............	Soleil	Jupiter.
	Xᵉ............	Vénus..........	Mars.
	XIᵉ............	Mercure.......	Soleil.
	XIIᵉ............	Lune...........	Vénus.
MERCREDI	Iʳᵉ............	Mercure........	Soleil.
	IIᵉ............	Lune...........	Vénus.
	IIIᵉ............	Saturne.......	Mercure.
	IVᵉ............	Jupiter...	Lune.
	Vᵉ............	Mars...........	Saturne.
	VIᵉ............	Soleil	Jupiter.
	VIIᵉ............	Vénus..........	Mars.
	VIIIᵉ............	Mercure........	Soleil.
	IXᵉ............	Lune...........	Vénus.
	Xᵉ............	Saturne.......	Mercure.
	XIᵉ............	Jupiter........	Lune.
	XIIᵉ............	Mars...........	Saturne.

PLANÈTES DOMINANTES

—

JEUDI	A LA	HEURES	
		DE JOUR	DE NUIT
	Iro.............	Jupiter.......	Lune.
	IIe.............	Mars.........	Saturne.
	IIIe.............	Soleil	Jupiter.
	IVe.............	Vénus........	Mars.
	Ve.............	Mercure......	Soleil.
	VIe.............	Lune.........	Vénus.
	VIIe.............	Saturne	Mercure.
	VIIIe.............	Jupiter.......	Lune.
	IXe.............	Mars.........	Saturne.
	Xe.............	Soleil........	Jupiter.
	XIe.............	Vénus........	Mars.
	XIIe.............	Mercure......	Soleil.
VENDREDI	Iro.............	Vénus........	Mars.
	IIe.............	Mercure......	Soleil.
	IIIe.............	Lune.........	Vénus.
	IVe.............	Saturne	Mercure.
	Ve.............	Jupiter.......	Lune.
	VIe.............	Mars.........	Saturne.
	VIIe.............	Soleil........	Jupiter.
	VIIIe.............	Vénus........	Mars.
	IXe.............	Mercure......	Soleil.
	Xe.............	Lune........	Vénus.
	XIe.............	Saturne	Mercure.
	XIIe.............	Jupiter.......	Lune.

PLANÈTES DOMINANTES

	A LA	HEURES DE JOUR	HEURES DE NUIT
SAMEDI	Ire	Saturne	Mercure.
	IIe	Jupiter	Lune.
	IIIe	Mars	Saturne.
	IVe	Soleil	Jupiter.
	Ve	Vénus	Mars.
	VIe	Mercure	Soleil.
	VIIe	Lune	Vénus.
	VIIIe	Saturne	Mercure.
	IXe	Jupiter	Lune.
	Xe	Mars	Saturne.
	XIe	Soleil	Jupiter.
	XIIe	Vénus	Mars.

(Voir aussi page 92.)

OBSERVATION

Jupiter et *Vénus* sont des planètes bonnes et heureuses.

Saturne et *Mars* sont des planètes malheureuses.

Le *Soleil* et la *Lune* tiennent le milieu.

Mercure est favorable quand on s'en sert pour le bien et néfaste pour les méchants.

VII. — Appréciation exacte du moment où règne chaque Planète.

Les Astrologues distinguent deux sortes d'heures : 1° *L'heure d'horloge*, toujours égale, parce que sa durée est mathématiquement la même en tout temps ;

2° *L'heure solaire* qui se compte à mesure que les jours augmentent ou diminuent. Le *jour* proprement dit persiste tant que le Soleil est sur son horizon, et l'on appelle *nuit* le temps où il n'y est plus.

Le jour solaire est donc de 12 heures et la nuit en a le même nombre.

Supposons que le Soleil quitte l'horizon à 8 heures du soir, il y aura 16 heures de son lever à son coucher, que l'on multipliera par 60 minutes et l'on aura 960 minutes, qui divisées par 12, donneront 80 minutes à l'heure, soit 1/4 de plus que l'heure d'horloge.

Chaque heure de nuit n'a que 40 minutes que l'on calculera, comme ci-dessus, suivant le lever du Soleil sur la terre ; parce que l'heure qui est entre jour et nuit n'est pas du jour, puisque l'on n'appelle de ce nom que le temps où paraît le Soleil.

Ceux qui voudront savoir la domination des Planètes, qui règnent alternativement sur toutes les heures diurnes ou nocturnes, n'auront qu'à considérer les heures d'après les calculs que nous avons établis plus haut, et ils seront certains de réussir dans leurs desseins.

On commence à compter le jour par la première heure d'après-midi du jour précédent ; par exemple on divisera le dimanche en deux parties égales de 12 heures chacune. (*Voir les tableaux pages* 31 *et suivantes.*)

Chaque chose devant être éprouvée sous sa Planète spéciale, il convient de ne la faire qu'au jour ou à l'heure de sa domination. Ainsi :

Saturne domine sur la vie, les édifices, la science et les changements.

Jupiter, sur l'honneur, les souhaits, les richesses et les soins de la toilette.

Mars préside à la guerre, à la haine, aux prisons, aux mariages.

Le Soleil donne l'espoir, le bonheur, le profit et les héritages.

Vénus règne sur l'amitié, l'amour et les voyages.

Mercure préside aux maladies, aux pertes, aux dettes et à la crainte.

La Lune influe sur les plaies, les songes, le vol et le commerce.

VIII. — Jours heureux et malheureux de la Lune.

LE Ier JOUR.

Ceux qui tomberont malades ce jour-là seront longtemps avant de se guérir, mais finiront par se remettre.

Si la nuit de ce jour on rêve, cela présage de la joie.

L'enfant qui naîtra vivra très vieux.

LE IIe JOUR

On pourra voyager sans crainte sur terre et sur mer, et l'on sera bien accueilli partout.

Il est propice à ceux qui désirent avoir des enfants, ou obtenir quelque faveur des personnes puissantes ; aux constructeurs pour bâtir ; aux jardiniers et laboureurs pour semer et cultiver.

Le voleur qui dérobera sera pris sur le fait ; la maladie sera courte.

Les songes que l'on fera seront sans effets.

Les enfants qui naîtront grandiront à vue d'œil.

LE IIIe JOUR

Ne rien entreprendre, pas même planter ou semer.

Celui qui tombera malade ne se rétablira que dif-
ficilement.

Les songes qu'on fera seront nuls, et l'enfant qui
viendra au monde ne vivra pas.

LE IVe JOUR

Est bon pour bâtir des moulins et des vaisseaux ;
pour trouver ce qu'on a perdu.

Les maladies sont dangereuses.

Les bons rêves s'accompliront, les mauvais seront
nuls.

L'enfant qui naîtra sera traître.

LE Ve JOUR

Ce qu'on aura perdu ne se retrouvera pas.

Le malade mourra ; les songes seront douteux.

Le nouveau-né ne vivra pas longtemps.

LE VIe JOUR

Les écoliers deviennent savants ; les larcins sont
facilement découverts et les maladies sans danger.

Ne révélez pas les songes que vous avez faits.

Tout promet longue vie aux enfants nés ce jour-là.

LE VIIe JOUR

Bon pour la saignée. Les vols et les meurtres
commis recevront leur punition.

Les maladies seront faciles à guérir ; les songes
se réaliseront.

Les enfants auront longue vie.

LE VIII° JOUR

Heureux pour les voyageurs et néfaste pour les malades.

Tous les rêves s'accompliront et les enfants naîtront avec une mauvaise figure.

LE IX° JOUR

Ni bon, ni mauvais. Maladies dangereuses. Songes qui se réaliseront peu après.

Les enfants vivront longtemps.

LE X° JOUR

Heureux pour toutes les entreprises. Songes sans signification. Chagrins vite consolés. Maladies mortelles si on ne les soigne sans retard.

Les enfants aimeront voyager.

LE XI° JOUR

Propre à se mettre en route. Les femmes malades auront peine à en sortir. Songes vains.

Spirituels, ingénieux, les enfants vivront longtemps.

LE XII° JOUR

Tout à fait malheureux. Ne rien entreprendre. Songes véridiques. Maladies mortelles. Enfants boiteux.

LE XIII° JOUR

Néfaste pour toutes les entreprises. Maladies dangereuses. Rêves qui s'accompliront sous peu. Les enfants mourront vieux

LE XIV° JOUR

Rêves douteux. Maladies sans suites. Enfants parfaits.

LE XV° JOUR

Ni bon ni mauvais. Maladies peu sérieuses. Songes réalisables. Les enfants deviendront amoureux.

LE XVI° JOUR

Heureux pour les marchands de chevaux, de bœufs et de toutes sortes d'animaux, ainsi que pour les voyageurs. Songes vrais. Enfants bien portants.

LE XVII° JOUR

Mauvais pour les entreprises. Maladies sans remèdes. Songes réalisés trois jours après.

Les enfants seront nés *coiffés*.

LE XVIII° JOUR

Maladies dangereuses. Rêves vrais. Les enfants seront laborieux et deviendront forts riches.

LE XIX° JOUR

Ne pas aller à la campagne ni fréquenter les ivrognes. Maladies peu graves. Songes réalisables promptement.

Les enfants qui naîtront ce jour-là ne seront ni fripons ni méchants.

LE XX° JOUR

Bon pour toutes les entreprises. Maladies longues. Songes vraisemblables.

Enfants méchants, voleurs et de mauvaise vie.

LE XXI° JOUR

Propre pour s'amuser et faire toilette; pour amasser des provisions de ménage. Les larrons seront vite surpris. Maladies dangereuses, souvent mortelles.

Songes nuls et sans effets. Les enfants naîtront vaillants et laborieux.

LE XXII° JOUR

Mauvais pour les négociations et entreprises. Maladies dangereuses. Songes réalisables.

Les nouveau-nés deviendront bons, honnêtes et auront toutes les qualités.

LE XXIII° JOUR

Bon pour acquérir de l'honneur. Maladies longues, mais non mortelles. Songes faux. Enfants laids et mal faits.

LE XXIV° JOUR

Ni bon ni mauvais. Maladies longues mais sans danger. Songes nuls.

Les enfants seront bons et honnêtes, mais gourmands.

LE XXV° JOUR

Ce jour-là, les malades seront en danger de mort. Les enfants qui naîtront vivront très heureux.

LE XXVI° JOUR

Jour malheureux ; mortel pour les malades. Songes vrais. Les enfants jouiront des dons de la Fortune.

LE XXVII° JOUR

Excellent pour les travaux et les entreprises. Maladies changeantes. Songes douteux. Enfants bons et aimables.

LE XXVIII° JOUR

On pourra entreprendre tout ce que l'on voudra.

Les malades n'auront aucune inquiétude. Les enfants seront négligents et paresseux.

LE XXIX° JOUR

Malheureux pour toutes sortes d'affaires. Songes vrais. Délivrance des malades. Les enfants seront désagréables et vivront peu.

LE XXX° JOUR

Ce jour est favorable aux entreprises. Secourir à temps les malades si l'on veut les sauver.

Les rêves ne tarderont pas à s'accomplir et combleront de joie.

Les enfants qui viendront au monde seront niais et peu rusés.

LIVRE DEUXIÈME

VERTUS MAGIQUES

DES

VÉGÉTAUX, MINÉRAUX

ET ANIMAUX

LIVRE DEUXIÈME

VERTUS MAGIQUES

DES VÉGÉTAUX, MINÉRAUX ET ANIMAUX

Dangers de la Science.

N. B. — Toute Science, dit le Philosophe, est bonne en elle-même; mais sa pratique peut être mauvaise, selon le but vers lequel on la dirige et l'usage que l'on en fait.

D'où l'on conclut : que la Magie n'a rien de blâmable, lorsque sa connaissance fait éviter le mal et rechercher le bien; mais qu'elle devient dangereuse quand on l'applique à trop sonder les mystères de la Nature.

I. — VERTUS DE CERTAINES PLANTES.

L'Héliotrope.

L'HÉLIOTROPE. — Les Chaldéens l'appellent *Iréos*; les Grecs, *Matichiol*; les Latins, *Héliotropium*, parce que cette plante se change au Soleil.

Si on la cueille en août, quand le Soleil est dans le Signe du *Lion*, et si on l'enveloppe dans une feuille de laurier avec une dent de *loup*, personne ne pourra médire de celui qui la portera, mais n'en dira que du bien.

Celui qui la mettra, la nuit, sous sa tête, verra et reconnaîtra ceux qui pourraient venir le voler.

Bien plus, placée dans une église, elle empêchera d'en sortir les femmes infidèles.

Ce secret est assuré, et a été souvent expérimenté.

L'Ortie.

L'ORTIE. — Les Chaldéens la nomment *Royb*; les Grecs, *Oltéribus*.

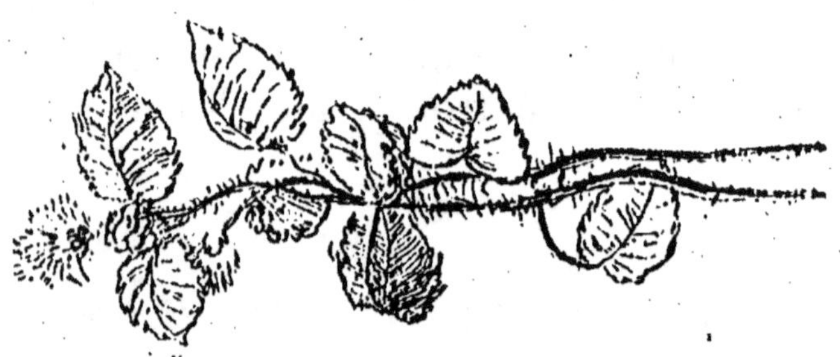

Qui tiendra cette herbe dans sa main avec du *millefeuille*, ne craindra pas les *fantômes*.

Si on la joint à du jus de *serpentine*, et qu'après s'en être frotté les doigts, on jette le reste dans l'eau, on prendra facilement à la main tous les poissons qui s'y trouveront; mais ils s'échapperont et retourneront dans le liquide, dès qu'on en retirera les mains.

Verge à berger.

La Verge a berger. — (En latin *Dipsacus pilosus;* en grec, *Allomos;* en chaldéen, *Loremberot*). Détrempée avec du suc de *Mandragore*, et donnée à une *chienne* ou autre femelle, la rend pleine et lui fait faire un petit.

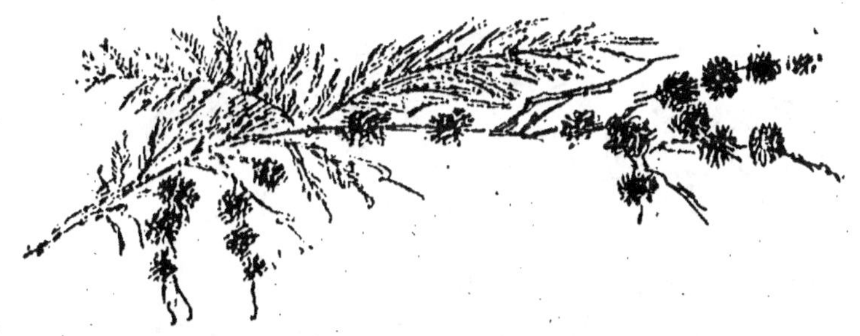

Si l'on arrache à ce petit une des dents maxillaires et qu'on lui fasse toucher de la viande ou tremper dans du vin, ceux qui en mangeront ou en boiront se disputeront; mais ils se calmeront dès qu'on leur aura fait prendre du suc de verveine.

La Chélidoine.

La Chélidoine. — Les Chaldéens la nomment *Aquilaire;* les Grecs, *Valis;* en France, on l'appelle aussi *Éclaire* et *Renoncule.*

Cette herbe naît quand les aigles et les hirondelles font leur nichée.

Si on la porte sur soi, avec le cœur d'une *Taupe*, on vaincra tous ses ennemis et réussira en toutes choses.

Si on la met sur la tête d'un malade, il chantera s'il doit mourir, et pleurera s'il doit guérir.

La Pervenche.

LA PERVENCHE. — Les Chaldéens l'appellent *Vétisi*; les Grecs, *Vorae*; les Latins, *Pervinca*.

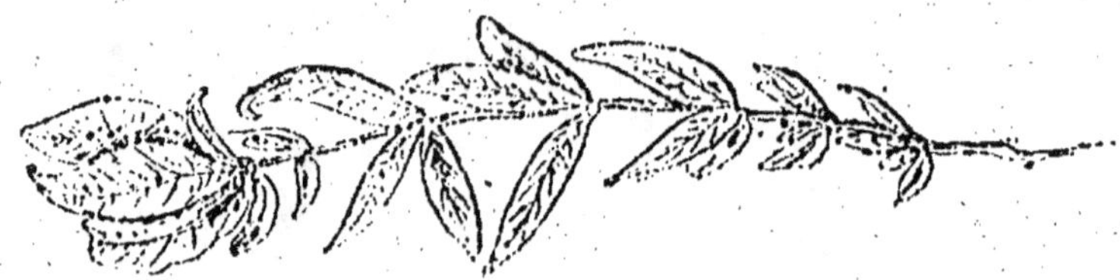

Réduite en poudre avec des vers de terre, elle rend amoureux les hommes et les femmes qui en mangent mêlée à leur nourriture.

Si l'on jette dans un étang ce composé avec un peu de soufre, tous les poissons mourront.

Si on la donne à un *Buffle*, il crèvera incontinent par le milieu.

Mis dans le feu, il le rend aussitôt bleuâtre.

Ce secret a été souvent éprouvé.

La Nephtée.

LA NEPHTÉE. — (En chaldéen, *Bicith*; en grec

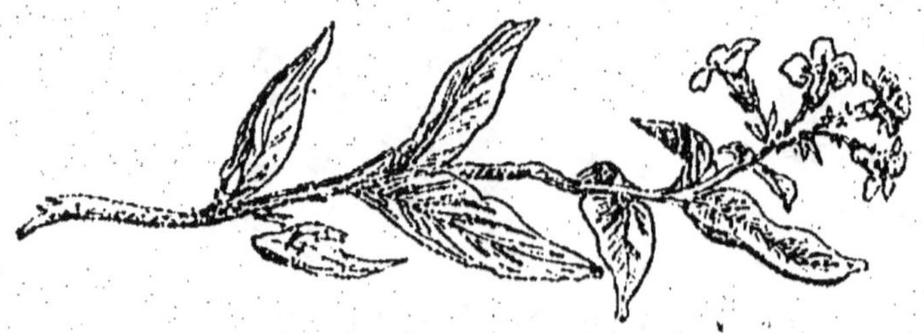

Vétus). Mêlée à la poudre d'une pierre qui se trouve

dans le nid des *huppes*, si on en frotte le ventre d'une femme, elle fera un petit très noir.

Si on en met dans le nez de quelques animaux, ils tomberont comme morts, et se relèveront peu après.

Si on en frotte une ruche, les *abeilles* n'en sortiront pas.

Si les *abeilles* sont noyées ou presque mortes, il suffit de les mettre dans cette composition pour qu'elles ressuscitent; comme on ravive des mouches noyées, en les couvrant de cendres chaudes.

La Cynoglosse.

LA CYNOGLOSSE. — Les Grecs la nomment *Orum;* les Chaldéens, *Ageil;* les Français, *Langue de chien.*

Mettez cette plante avec le cœur et la matrice d'une petite *grenouille*, dans un endroit quelconque : aussitôt tous les chiens s'y rassembleront.

La personne qui la porte sous le gros doigt du pied, empêche les chiens d'aboyer.

Si on la pend au cou d'un *chien*, il tournera toujours, jusqu'à ce qu'il tombe mort.

Cette recette a été expérimentée.

La Jusquiame.

LA JUSQUIAME. — Cette herbe (en grec, *Ventosin;*

en chaldéen, *Mausosa*), se mêle avec du *réalgar* et de l'*hermodacte*.

Si l'on en met dans la pâtée d'un chien enragé, il meurt sur le champ.

Quand on verse de son suc dans un vase d'argent, il se rompt aussitôt.

Mélangée avec du sang d'un jeune lièvre, si on la garde dans sa peau, elle attirera tous les lièvres des environs.

Le Lis.

Le Lis (en grec *Amala*; en chaldéen *Ango*). — Cueilli pendant que le *Soleil* est dans le Signe du

Lion, si on le mêle à du suc de *Laurier*, et qu'on l'enfouisse quelque temps sous du fumier, il s'y engendrera des vers, qui pulvérisés et mis autour du cou ou dans les habits de quelqu'un, l'empêcheront de dormir.

La personne qu'on frottera de cette poudre prendra la fièvre.

Si l'on met du *Lis*, comme dessus, dans du lait de vache, et qu'on couvre le vase d'une peau de vache de même couleur, toutes les vaches des environs perdront leur lait.

Cette expérience a été faite de nos jours.

Le Gui de chêne.

Le Gui de chêne (en chaldéen, *Lupérax;* en grec, *Eliscna*). — Il croît dans le creux des arbres.

Si on le joint avec du *Sylpium*, on est sûr d'ouvrir toutes les serrures.

Si on le pend à une branche avec une aile d'hirondelle, tous les oiseaux s'y rassembleront de deux lieues et demie, ce que j'ai éprouvé moi-même plusieurs fois.

La Centaurée.

La Centaurée (en grec, *Orlégonia;* en chaldéen, *Isiphilon*). — Les Magiciens assurent que cette herbe

a une vertu merveilleuse; car si on en mêle avec du sang d'une *huppe* femelle et qu'on en mette dans une lampe avec de l'huile, tous les gens de l'assemblée se verront les pieds en l'air et la tête en bas.

Si l'on en jette dans le feu, quand brillent les étoiles, elles sembleront courir les unes après les autres, et s'entrechoquer.

Mettez-en au nez de quelqu'un, et il fuira à toutes jambes.

Cette recette est infaillible.

La Sauge.

LA SAUGE (en grec, *clamor*; en chaldéen, *colorio*; en Latin, *salvia*). — Mettez-la dans une fiole de verre,

et laissez-la pourrir sous du fumier, il s'y formera un certain ver, ou un oiseau à queue de merle.

De son sang frottez l'estomac de votre ennemi, il restera sans connaissance pendant plus de 15 jours.

Si l'on fait brûler ces vers, et qu'on en jette la cendre dans le feu, on entendra soudain un formidable coup de tonnerre.

De plus, si l'on verse de cette poudre dans une lampe, quand on l'allumera, toute la chambre semblera pleine de serpents.

La Verveine.

LA VERVEINE (en grec, *hilioron*; en chaldéen *Olphanas*). — Cueillez cette plante quand le Solei est dans le Signe du *Bélier*. Mêlée à de la graine de *pivoine* d'un an, elle guérit du *mal caduc*.

Si on l'enfouit dans de la terre grasse pendant 7 semaines, il s'en formera des vers qui tueront ceux qui les toucheront.

Mise dans un colombier, cette composition y rassemble tous les pigeons du voisinage.

Si on l'expose au Soleil, cet astre prend un ton bleuâtre.

Enfin, si on en jette dans une réunion, tout le monde se disputera, et même les amoureux cesseront d'être d'accord.

La Mélisse.

LA MÉLISSE (en grec, *Casini*; en chaldéen, *Céléyos*). — On cueille cette plante verte et si on la

jette dans du potage avec du suc de Cyprès d'un an, il paraîtra plein de vers.

Celui qui la porte sur lui est doux, agréable et domine tous ses rivaux.

Si vous l'attachez au cou d'un bœuf, il vous suivra partout; de plus, vous romprez sur le champ une courroie par le milieu, en la trempant dans le jus de cette plante, mêlé avec la 3ᵉ partie de la sueur d'un homme rousseau.

La Rose.

LA ROSE (en latin *Rosa*; en grec, *Ysaphinus*; en chaldéen, *Elgérisa*). — Prenez un grain de cette

fleur, un grain de moutarde et le pied d'une belette ; pendez-les à une branche, l'arbre deviendra stérile.

Ce composé mis dans un filet, y attire tous les poissons; semé au pied d'un chou desséché, il le fera reverdir 5 ou 6 heures après.

Dans une lampe allumée, il fera paraître les assistants noirs comme des démons.

Si l'on frotte une maison, aux rayons du Soleil, avec cette poudre broyée dans l'huile d'olives avec du soufre vif, il semblera que tout est en feu.

La Serpentine.

LA SERPENTINE (en grec, *Quinquefolium*; en chal-

déen, *Cartulin*). — Enterrez cette plante avec une

feuille de *Triolet* (Trèfle) : il s'en formera des serpents verts et rouges, que vous dessécherez et réduirez en poudre.

Si vous en mettez dans une lampe, la salle semblera pleine de reptiles. Si on la place sous la tête d'une personne endormie, elle ne se réveillera que quand on l'aura retirée.

PLANTES PLANÉTAIRES

Les sept plantes suivantes tirent leurs propriétés de l'influence des Astres.

Ceux qui voudront s'en servir utilement ne devront les cueillir que du 23° au 30° jour de la *Lune*, en commençant par *Mercure*.

On peut les amasser pendant toutes les heures du jour, mais en les arrachant, on annoncera les vertus desdites herbes et l'usage qu'on en veut faire ; puis on les couchera sur du froment ou de l'orge, jusqu'au moment de les utiliser.

Il importe de bien savoir quelle est la domination des bonnes ou mauvaises Planètes et quelles sont leurs jours et leurs heures (*Voy. page 31 et suivantes*).

L'Offodilius est la plante de *Saturne*. Son suc guérit les maux de jambes et les douleurs de reins et de la vessie.

Sa racine un peu cuite, pliée dans un linge blanc, chasse les malins Esprits des maisons et exorcise les *possédés*.

La Renouée (*poligoine* ou *corrigiale*) est la plante du *Soleil*. Cette espèce de *bistorte* calme les maux de cœur et d'estomac.

Celui qui la touche a une vertu qui lui vient de l'influence de la planète sous laquelle il est né ; il devient ardent et vigoureux en amour.

Sa racine guérit ceux qui la portent du mal des yeux, apaise la frénésie et la mélancolie et donne aux pulmoniques une bonne haleine et une libre respiration.

La Chrinostate appartient à la *Lune*. Son suc purge les aigreurs de l'estomac. Sa fleur nettoie les reins et les guérit. Un cataplasme de sa racine pilée, posé sur les yeux, fortifie et éclaircit merveilleusement la vue. Sa tisane facilite la digestion et chasse les écrouelles.

L'Arnoglosse (*langue d'agneau*), espèce de *plantain*, est la plante de *Mars*. Sa racine dissipe la migraine, car le *Bélier* qui domine sur la tête de tous les hommes est la maison de Mars.

Son suc, excellent stomachique, est admirable contre les hémorroïdes et la dysenterie. Quand *Mars* est dans le signe du *Scorpion*, elle cautérise les ulcères purulents et guérit les maladies testiculaires.

La Quintefeuille (*pentaphilon* ou *pedactylius*) est gouvernée par *Mercure*.

Sa racine, en emplâtre, résout les duretés et ferme les plaies. Son suc infusé dans l'eau enlève promptement les écrouelles et calme les maladies de poitrine et d'estomac. Si on la mastique, elle apaise les maux de dents et de la bouche.

Quand on porte cette herbe sur soi, on devient savant et l'on obtient tout ce que l'on désire.

L'ACHARON (*jusquiame*) est la plante de *Jupiter*. Sa racine est l'antidote des ulcères et apostèmes ; celui qui la porte sur soi est certain de n'en jamais avoir. Pour guérir de la goutte, on la pile et la met sur l'endroit douloureux, surtout sous la domination des Signes qui influent sur les jambes et les pieds.

Les douleurs du foie sont miraculeusement soulagées si l'on boit de son suc mêlé avec du miel.

Celui qui la porte devient joyeux et charmant, ce qui le fait chérir des femmes ; il est lui-même très apte à aimer et à prouver sa tendresse.

Le PISTORION (*colombaire* ou *verveine*) est l'herbe de *Vénus*.

Si l'on pose un emplâtre de sa racine sur un endroit malade, elle guérit les écrouelles, fistules, hémorroïdes, ulcères, parotides et rétentions d'urine.

Son suc bu dans de l'eau chaude rend l'haleine agréable et la respiration libre. Celui qui portera cette herbe sera très amoureux ; si c'est un enfant, il sera bien élevé, instruit et jovial.

La maison, la terre ou la vigne où elle se trouve seront pour leur propriétaire d'un très bon revenu.

Elle purge le corps des humeurs malsaines et l'âme des malins esprits.

II. — VERTUS DE CERTAINS MINÉRAUX

L'Aimant.

Cette pierre couleur de fer se trouve dans la mer des Indes et quelquefois en Allemagne et en France.

Pour l'éprouver, un mari n'a qu'à la mettre sur la tête de sa femme ; si elle est sage et fidèle, elle l'embrassera ; sinon, elle quittera la couche conjugale.

Mise en poudre, si l'on en verse sur des charbons ardents, aux quatre coins d'une maison, tous les locataires s'enfuiront en abandonnant tout.

L'Ophtalmite.

Cette pierre offusque et obscurcit la vue de ceux qui la fixent ; on devient *invisible*, si on la tient serrée dans la main.

L'Onyx.

Cette pierre noire se trouve en Arabie ; la meilleure est celle qui a des petites veines blanches.

Si on la pend au cou ou qu'on la mette au doigt de quelqu'un, il devient aussitôt triste et craintif; son sommeil sera plein de cauchemars horribles et il cherchera querelle à tout le monde.

Le Féripendanus.

Si l'on suspend cette pierre jaune au cou d'une personne étique, elle la guérira.

Serrée fortement dans la main, elle la brûle. Il ne faut la toucher qu'avec précaution.

La Solinite.

On trouve cette pierre dans le corps des *tortues* des Indes et de la Perse. Elle est blanche, rouge ou verte.

Elle augmente, dit-on, pendant le croissant de la Lune et diminue dans son déclin.

La solinite rend son possesseur joyeux et éveillé, et lui fait voir ce qui doit lui arriver.

S'il la met sous sa langue, surtout à la nouvelle Lune, pour savoir si une chose réussira : si oui, elle s'attachera fortement à la bouche ; si non, elle tombera d'elle-même.

Elle guérit les phtisiques et les anémiques.

La Topaze.

Il y en a de deux sortes : l'une couleur d'or, c'est la plus estimée ; l'autre jaunâtre.

Prenez-la en main et mettez-la dans de l'eau, le liquide sortira du vase.

Elle est bonne contre les hémorroïdes.

Le Médor.

Cette pierre vient du pays des *Mèdes :* elle est blanche ou verte.

Si l'on se lave dans de l'eau chaude où l'on aura jeté du *médor* concassé, les mains seront écorchées ; ceux qui en boivent mourront sans rémission.

Cependant, il guérit la goutte et fortifie la vue.

La Memphitique.

On la trouve aux environs de Memphis. Si on la boit broyée dans l'eau, on devient insensible à toute douleur et même incombustible.

L'Abaston.

Couleur de feu, cette pierre se tire de l'Arabie.

Si on l'enflamme, elle brûle sans s'éteindre, grâce à son poil follet qu'on appelle *plume de Salamandre*, et à un humide épais qui lui est inhérent.

Le Diamant.

Extra brillant et dur, le *diamant* ne se dissout que dans du sang de bouc.

Cet admirable antidote des poisons les plus violents éloigne les esprits follets. Celui qui le porte au côté gauche met en fuite ses ennemis et les bêtes farouches ou venimeuses ; il gagnera tous ses procès.

L'Agate.

Qu'elle soit noire à veines blanches ou blanche à veines noires, celui qui la possède peut affronter tous les périls et braver les adversités ; gai, agréable, généreux et fort, il reçoit partout bon accueil.

L'Alectoire

Ce petit caillou blanc, de la grosseur d'une fève, s'extrait du corps d'un vieux chapon.

Il rend l'homme constant et aimable. Mis dans la bouche, il garantit contre la soif. *Albert* affirme l'avoir éprouvé lui-même.

L'Asmundus.

On appelle aussi *asmanite* cette pierre de couleurs variées.

Grâce à elle, on prédit l'avenir, on interprète les songes, on déchiffre les énigmes et on déjoue les mauvais desseins.

L'Améthyste.

Sa couleur est violet pourpre. Elle conserve l'esprit sain et empêche de s'enivrer.

Le Béryl.

Le *béryl* ou *aigue-marine* est de couleur pâle et transparent comme de l'eau. Avec lui, on ne craint aucun ennemi, on gagne tous ses procès. Il rend aussi les enfants studieux et intelligents.

La Célonite.

On trouve cette pierre rouge dans le corps des tortues. Elle sert à découvrir les voleurs et à deviner l'avenir.

Le Corail.

Blanc ou rouge, il est merveilleux pour les marins ; il apaise les tempêtes et dissipe les orages.

Le *corail* arrête les hémorragies. Celui qui le porte est judicieux et prudent.

Le Cristal.

Il sert à allumer du feu en le plaçant au-dessus d'un objet inflammable exposé aux rayons du Soleil.

Bu avec du miel, il donne du lait aux nourrices.

La Chrysolithe.

Verte et brillante, si on la porte au doigt, enchâssée dans un anneau d'or, on conservera sa raison, sa santé et on se comportera en vrai sage.

L'Héliotrope.

Cette espèce d'*émeraude* est verte et bigarrée de veines sanguines.

Les Nécromanciens l'appellent *pierre de Babylone.*

Si on la frotte avec du suc de la plante du même nom, elle fait voir le soleil rouge comme dans une éclipse ; mais, pour cela, il faut faire bouillir de l'eau en prononçant des paroles magiques et le nuage de vapeur qui s'élève empêche de voir le Soleil comme à l'ordinaire.

Les anciens prêtres s'en servaient pour interpréter les Oracles.

Celui qui possède cette pierre devient d'une bonne renommée, d'une parfaite santé et d'une longue vie.

L'Épistrites.

Si l'on jette cette pierre rouge et brillante dans de l'eau qui bout, l'ébullition s'arrête sur-le-champ, et le liquide ne tarde pas à se refroidir.

Exposée au soleil, elle lance des rayons de feu.

La Chalcédoine.

Pâle et opaque, on la perce par le milieu et on la porte au cou avec une autre pierre précieuse nommée *sénéribus*.

Sa vertu rend fort et puissant, et dissipe les illusions, chimères et fantômes.

La Chélidoine.

On trouve cette pierre noire ou jaune dans le ventre des *hirondelles ;* elles sont généralement jumelles.

La *jaune*, pliée dans un linge de lin ou dans une peau de veau et attachée sous l'aisselle gauche, guérit toutes les maladies anciennes ou récentes. C'est un préservatif contre l'épidémie et la léthargie.

La *noire* assure le succès de toutes les entreprises et la défaite des gens mal intentionnés.

Enveloppée dans des feuilles de la plante du même nom, elle trouble la vue.

La Gagate.

Cette pierre de couleur variée ressemble à de la peau de chevreau. Grâce à elle, on est victorieux.

La Béna.

Semblable à une dent d'animal, si on la mord, on prédit les choses futures.

L'Isthmos.

On l'appelle aussi *charbon-blanc* et on le trouve aux environs de Gibraltar. Il est rempli de vent et ressemble à du safran.

En en frottant une étoffe, elle devient *incombustible*.

La Tabrice.

Cette pierre ressemble à du cristal. Elle fait aimer l'étude et les honneurs, et guérit les *hydropiques*.

La Bératide.

Mettez-vous cette pierre noire dans la bouche et vous connaîtrez les desseins d'autrui. Sa vertu vous rendra jovial et agréable à tout le monde.

Le Nicomar.

Blanc et luisant comme l'*albâtre*, il fait que l'on aime celui qui le possède. Sa poudre sert à faire des onguents pour embaumer les morts.

Le Quirim.

Cette *pierre des traîtres* se prend dans le nid des huppes. Si on la pose sur le front d'une personne endormie, elle lui fera dire tous ses secrets.

La Rajane.

Noire et luisante, on la trouve dans la tête d'un coq, quelque temps après qu'elle a été rongée des fourmis.

Avec cette pierre, on obtient des autres tout ce qu'on veut.

La Jupère.

Les Chiens ni les Chasseurs ne pourront nuire à n'importe quelle bête, si on pose cette pierre *lybienne* devant elle.

L'Urice.

Cette pierre brûle comme du feu la main qui la serre fortement.

La Lazulite.

Couleur d'azur avec des points dorés, elle guérit *infailliblement* la mélancolie et la fièvre quarte.

L'Émeraude.

On la trouve dans le nid des *griffons*. Nette et brillante, la jaune est la meilleure pour fortifier et conserver la vue.

Au porteur, elle donne de l'esprit, de la mémoire et lui fait amasser des richesses. Tenue sous la langue, elle communique le don de prophétie.

L'Échite.

Surnommée *Aquilaire*, parce qu'on la prend dans les aires d'aigles, elle est couleur de pourpre et recèle une autre pierre qui retentit dès qu'on la touche.

Pendue au bras gauche, elle rend amoureux les hommes et les femmes. Elle empêche d'avorter celles qui sont enceintes et guérit le *mal caduc*.

Si on touche avec cette pierre un mets empoisonné, on ne pourra pas en manger.

L'Hyacinthe.

L'*Aquatique* est jaunâtre, quelquefois verte, et marbrée de veines rouges, elle veut être enchâssée dans de l'argent.

La *Saphirine*, qui est la plus précieuse, est luisante et sans aquosité. Elle a la vertu de faire dormir à cause de sa froideur.

Le voyageur qui porte l'*Hyacinthe* au doigt ou au cou, peut aller partout sans peur du danger.

L'Orite.

Cette pierre garantit des accidents et des morsures venimeuses.

Il y en a trois sortes : la *verte* à taches blanches, la *noire* et la *gris-fer* moitié polie et moitié raboteuse.

Le Saphir.

Le *jaune*, moins luisant, est le meilleur. Il rend pieux et dévot, donne la paix et la concorde et modère le feu des passions.

La Saune.

On trouve cette pierre dans l'île de ce nom. Mise au doigt d'une femme, elle la conserve chaste; celle qui est prête d'accoucher, doit éviter de la toucher, car elle empêcherait la sortie de l'enfant.

Elle fortifie l'intelligence et le cœur.

La Licanienne.

Cette pierre, que l'on tire de la tête de la *Licanie*, est blanche; elle guérit les rétentions d'urine, la fièvre quarte, et empêche les femmes grosses de se blesser.

L'Iris.

Pour faire paraître un arc-en-ciel, on prend cette pierre blanche comme du cristal, carrée ou cornue, et si on l'expose aux rayons du soleil, on verra se dessiner sur la muraille toutes les couleurs du prisme.

L'*Iris* abonde en Sicile et en Éthiopie.

La Balésie.

Avec la couleur et la dureté du diamant, cette pierre qui ressemble à un morceau de grêle, a les pores si serrés, que, mise dans une fournaise ardente, elle ne s'échauffe jamais.

Étant portée, elle apaise la colère, la concupiscence et les autres passions excessives.

La Galiriate.

Cette pierre, qu'on nomme aussi *Cynabre*, et qui se trouve en Lydie et en Bretagne, est *noire*, *jaune* ou *verte*; elle guérit le flux de ventre et l'hydropisie.

Quand on la pile et qu'on la fait laver à une femme, si celle-ci trompe son mari, elle pissera aussitôt; si elle est chaste, elle n'éprouvera aucun effet.

La Draconite.

On l'extrait de la tête du *dragon*; elle est merveilleuse comme antidote, et celui qui la porte au bras gauche vaincra ses adversaires.

Observation.

Pour se servir avec succès de ces pierres précieuses, il faut que celui qui les porte ait le corps propre et sans tache.

III. — VERTUS DE CERTAINS ANIMAUX

L'Aigle.

L'Aigle. — D'après *Evax* et *Aaron*, cet oiseau de proie a une vertu remarquable.

Ceux qui mangeront de sa cervelle desséchée, pilée et mêlée à du suc de ciguë se prendront aux cheveux et ne se lâcheront pas tant que cette substance restera dans leur corps. Elle est si chaude, que les vapeurs et les fumées qu'elle dégage, bouchant tous les conduits, provoquent dans le cerveau des hallucinations fantastiques.

L'Alouette.

L'Alouette. — Si l'on porte sur soi les pieds de cet oiseau, on dominera et vaincra ses rivaux. Celui qui tiendra son œil droit dans de la peau de *loup*, sera aimable et accueilli partout avec faveur.

Si l'on en fait boire ou manger à une personne, elle sera éprise d'amour pour vous.

Cet effet a été plusieurs fois expérimenté.

Le composé ci-dessus, mis dans du fumier, donne naissance à des *vers* si venimeux, que celui qui en avalera, tombera en léthargie et ne pourra se réveiller que si on le parfume *d'aristoloche* et de *mastic*.

Le Chat-Huant.

LE CHAT-HUANT. — Si l'on met son cœur et son pied droit sur une personne endormie, elle révélera

tout haut ses secrets. Si on les porte sous son aisselle, les chiens ne vous aboieront pas.

Si l'on y ajoute son foie et qu'on pende le tout à un arbre, tous les oiseaux s'y rassembleront.

Le Bouc.

Le Bouc. — Le verre dans lequel on mettra de son sang tiède et du vinaigre bouillant deviendra

mou comme de la pâte, et ne se brisera pas, même si on le jette contre un mur.

En vous frottant le visage avec ce mélange vous aurez d'horribles visions. Si vous le jetez dans le feu en présence d'une personne atteinte du mal caduc, et si vous lui présentez une pierre d'aimant, elle tombera aussitôt inerte, et ne reviendra à la vie qu'en lui faisant boire du sang d'*anguille*.

Le Chameau.

Le Chameau. — Si, pendant que les étoiles bril-

lent, on met de son sang dans une peau de *lézard*,

on croira voir un géant dont la tête touchera le ciel.

Quiconque en mange devient fou ; et si l'on allume une lampe frottée avec ce sang, tous les assistants paraîtront avoir des têtes de chameaux.

Le Lièvre.

Le Lièvre. — On raconte des choses merveilleuses de cet animal. — *Evax* et *Aaron* disent que, si l'on

joint les pieds avec une pierre ou avec la tête d'un merle, ils rendront l'homme qui les portera si hardi, qu'il ne craindra rien. — Celui qui les attachera à son bras, ira partout où il voudra et y retournera sans danger. Si on en fait manger à un chien avec le cœur d'une belette, il n'aboiera jamais, quand même on le tuerait.

La Pie.

La Pie. — Si l'on fait brûler son ongle, et qu'on

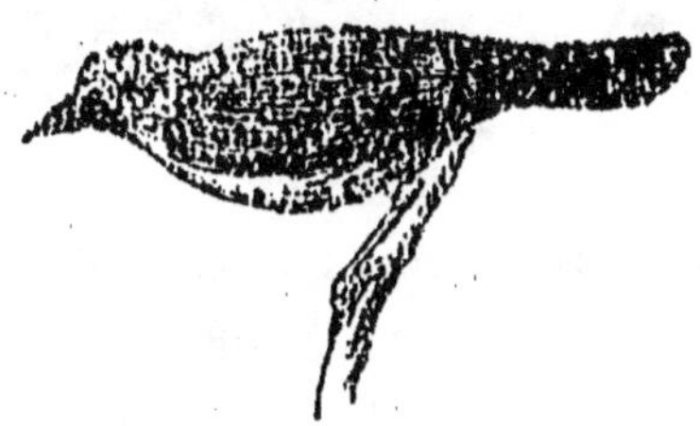

en donne à un cheval, il ne mangera de trois jours.

Si on le mêle avec de la térébenthine, il paraîtra d'abord luisant, puis obscur et nébuleux. Son sang jeté dans l'eau, y fera retentir d'horribles coups de tonnerre.

Le Lion.

LE LION. — Celui qui se fait une ceinture avec sa peau découpée en lanières, pourra braver ses

ennemis ; on guérit de la fièvre quarte en buvant de son urine pendant quatre jours. Toutes les bêtes s'enfuiront en baissant la tête devant vous, si vous portez ses yeux sous vos aisselles.

Le Veau-Marin.

LE VEAU-MARIN. — Tous les poissons s'assembleront dans l'endroit où l'on aura jeté un peu de

son cœur et de son sang. Porté sous les aisselles, il donne du jugement et de l'esprit, et fait gagner tous les procès.

L'Anguille.

L'ANGUILLE. — Laissez-la mourir hors de l'eau, puis, mettez-la entière sous du fumier arrosé de

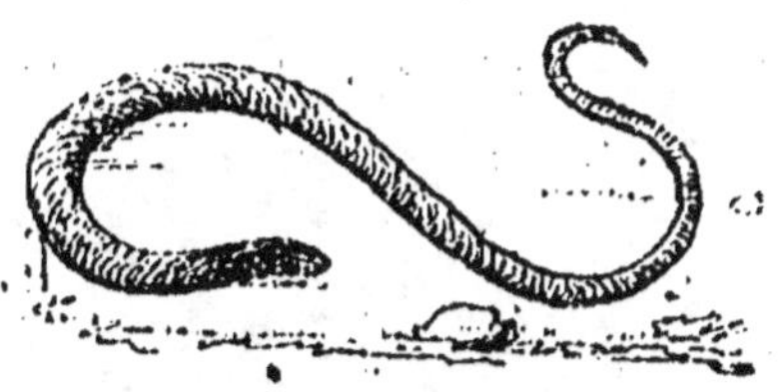

vinaigre et de sang de vautour, tout ce qu'on lui présentera ressuscitera. Celui qui mange son cœur tout chaud pourra prédire l'avenir.

La Huppe.

LA HUPPE. — Porter ses yeux sur soi rend obèse; les porter sur l'estomac réconcilie avec tout le

monde; avoir sa tête dans une bourse empêche les marchands de vous tromper.

Le Pélican.

LE PÉLICAN. — Si l'on tue ses petits sans offenser le cœur, et si l'on met de son sang chaud dans leur bec ils reviennent à la vie. Si l'on pend de sa chair

au cou d'un autre oiseau, il volera toujours jusqu'à
ce qu'il tombe mort.

Suivant Pline et Hermès, son pied droit mis pendant trois jours sous quelque chose de chaud, engendre un oiseau vivant.

Le Corbeau.

LE CORBEAU a des propriétés merveilleuses, si on
s'en fie à ce qu'en ont dit Evax et Aaron. Si l'on
fait cuire ses œufs et qu'ensuite on les remette dans

le nid où on les aura pris, aussitôt le corbeau s'en
va dans une île où Aldoricus a été enseveli et en
rapporte une pierre avec laquelle touchant ses
œufs, il les fait revenir dans le même état qu'ils
étaient auparavant; — que si on met cette pierre
dans la bouche, on contrefait le chant de toutes
sortes d'oiseaux, et on appelle cette pierre *indienne*,

parce qu'on la trouve ordinairement dans les Indes et quelquefois dans la mer Rouge; elle est de différentes couleurs; elle fait oublier les injures et termine les différends.

Le Milan.

LE MILAN. — Sa tête, portée sur l'estomac, fait aimer de tout le monde, surtout des femmes. Si on

l'attache au cou d'une poule, elle courra sans s'arrêter.

Le coq dont on frotte la crête avec de son sang ne chante plus.

Pour réconcilier deux ennemis, mettez dans leur nourriture une petite pierre que l'on trouve dans ses génissoires ou ses rognons.

La Tourterelle.

LA TOURTERELLE est fort connue; les Chaldéens

l'appelaient *mulona;* les Grecs, *pilax.* Si on porte

le cœur de cet oiseau dans une peau de loup, il calmera les ardeurs de l'esprit; si on brûle son cœur et qu'ensuite on le mette sur les œufs de quelque autre oiseau, ils ne produiront rien. — Si on pend ses pieds à un arbre, il ne portera jamais de fruit, et si on frotte de son sang un cheval, tous les poils qui seront noirs tomberont.

La Taupe.

LA TAUPE a des propriétés admirables. — Si on enveloppe un de ses pieds dans une feuille de laurier et qu'on la mette dans la bouche d'un cheval,

il deviendra d'une douceur remarquable, ou si on le met dans le nid de quelque oiseau, ses œufs ne produiront rien.

Si on veut chasser les taupes d'un endroit, il en faut prendre une et la mettre dans ce même endroit avec du soufre vif que l'on fera brûler; aussitôt toutes les autres taupes s'assembleront auprès. De plus, si on frotte un cheval noir avec de l'eau où aura cuit une taupe, il deviendra blanc.

La Belette.

LA BELETTE se tient habituellement dans les buissons ou dans les granges à foin ou à paille; — si quelqu'un mange son cœur encore palpitant, il prédira les choses à venir; si on fait avaler à un chien

son cœur avec ses yeux et sa langue, il perdra incontinent sa voix.

Le Merle.

LE MERLE est un oiseau dont la vertu est admirable. Si l'on pend les plumes de son aile droite avec du fil de couleur rouge au milieu d'une maison

où on n'aura pas encore habité, personne n'y pourra dormir tant qu'elles y seront pendues. — Si l'on met son cœur sous la tête d'une personne qui dort et qu'on l'interroge, elle dira tout haut ce qu'elle aura fait; ou bien si on la jette dans de l'eau de puits avec le sang d'une huppe, et qu'on les mêle ensemble, si ensuite on en frotte les tempes de quelque malade, les douleurs diminuent soudainement.

La Grenouille.

LA GRENOUILLE. — La femme qui porte ses cendres suspendues à sa ceinture ne verra pas ses règles. La poule qui les portera à son cou ne pourra pas saigner. Le poil ne pousse plus aux endroits

que l'on frotte avec cette poudre délayée dans de l'eau.

Le Chien.

LE CHIEN. — Celui qui porte du côté gauche le

cœur d'un chien empêche tous les autres d'aboyer.

Le Loup.

LE LOUP. — Ni hommes ni bêtes ne peuvent

nuire à quiconque attache l'œil droit d'un loup à sa manche gauche.

IV. — EFFETS SURPRENANTS

N. B. Si quelqu'un veut faire avec succès les expériences suivantes, il doit savoir d'abord si les choses dont il se servira sont froides ou chaudes, puis connaître leurs dispositions et leurs propriétés naturelles selon qu'on veut inspirer du courage ou de la crainte, rendre fécond ou stérile, etc.; parce que tout être communique ses vertus et propriétés naturelles aux choses auxquelles on le joint.

C'est ainsi qu'on se rend intrépide et qu'on épouvante les autres, en portant sur soi l'œil, le cœur ou la peau du *Lion*, ce roi des animaux; de même si l'on prend la chemise d'une prostituée ou qu'on se regarde dans un miroir qui lui aura servi, on deviendra, comme elle, effrontée et sans honte.

Le *Coq* hardi, devant lequel tremble le lion même, inspire sa bravoure à ceux qui en portent quelques parties.

Par contre, le *Mulet* et l'*Eunuque* rendent stériles ceux ou celles qui les ont en contact.

Pour donner de l'amour on choisira l'animal le plus ardent, et au moment où il est le plus fort au combat amoureux, on en prendra la partie génitale ou le cœur que l'on fera manger à la personne qu'on veut énamourer : l'*Hirondelle*, le *Pigeon*, le *Moineau*, étant très chauds, conviennent très bien pour cette expérience.

La langue ou le cœur d'un chien rend bavard ; le rossignol, savant et agréable.

En résumé, on utilise, de la même manière, les propriétés des êtres que l'on croit susceptibles de les communiquer au sujet auquel on les applique, comme on le verra ci-après.

Il y a certains effets que perçoivent nos sens, mais qui surpassent la raison; la raison, au contraire, nous en révèle d'autres qui ne tombent pas sous les sens. Dans les premiers, il faut se rendre à l'évidence du fait bien qu'on ne puisse l'expliquer; pour les seconds, il faut admettre leur existence rationnelle quoiqu'ils ne soient pas matériellement sensibles.

En effet, sans qu'on puisse en donner la raison, il est incontestable que l'aimant attire le fer. On ne saurait donc nier mille autres choses surprenantes dont la raison et la cause nous restent inconnues.

On sait que si l'on approche avec des cordes un *palmier mâle* d'un *palmier femelle*, ses branches s'attendrissent et se penchent amoureusement vers elle.

Si une femme enceinte endosse la chemise de son mari et si celui-ci la reprend sans la laver, il guérira de la fièvre s'il en est atteint.

La vue d'un crâne humain fait fuir le *Léopard*, sa présence dans un colombier rassemble tous les pigeons et les fait multiplier tellement qu'ils n'ont plus de place pour s'y loger.

Le même phénomène s'opère, si l'on pend à l'ouverture d'un colombier une fiole contenant du lait d'une femme qui nourrit une fille de plus de deux ans.

Porter un os de mort, guérit de la fièvre et du mal de ventre.

La dent de lait d'un jeune enfant enchâssée dans de l'argent et mise au cou d'une femme la frappe de stérilité. Elle ne concevra pas non plus, si elle boit chaque mois un verre d'urine de *Mule*, ou si on lui applique sur la tempe gauche de la graine de *vinette* pliée dans un morceau de drap.

Les feuilles de *vinette* mâchées purgent; et sa racine, pendue en amulette, guérit les écrouelles.

Pour faire rentrer d'elle-même une bête à l'étable frottez-lui le front avec un ail de squille.

Si l'on enduit de cire les cornes d'un *Veau*, il se laissera conduire partout où l'on voudra. Pour enlever le mal de pied à une *Vache*, on lui frotte les cornes avec de la cire, de l'huile ou de la poix. Si l'on emploie de l'huile de rosat, elle meurt.

Le *Bœuf* dont on frotte la langue avec de l'ail refuse toute nourriture jusqu'à ce qu'on la nettoie avec du sel et du vinaigre.

Si l'on oint d'huile le cul d'un *Coq* il ne pourra plus s'accoupler; si on lui en frotte la crête, il ne chantera plus.

Aristote affirme qu'on se délivre des hémorroïdes en s'asseyant sur la peau d'un *lion*.

On chasse les *Fourmis* en semant sur la fourmillière de la poudre de marjolaine bâtarde.

Les glandes scrofuleuses disparaissent si l'on se pend au cou une tête de chèvre.

Pour que votre femme vous préfère à tout autre, enduisez-vous les génitoires avec un onguent composé de fiente de bouc pilée avec de la farine et humectée d'huile. Le suif de bouc produit le même effet.

On rend une femme froide et impuissante, en lui faisant boire, à son insu, de la verge de loup brûlée avec les poils de ses paupières et ceux qu'il a dessous sa barbe.

Comme antidote contre le poison, la *Tortue* mange de la marjolaine, et la *Belette*, de la rhubarbe.

La morsure des *Scorpions* se guérit en appliquant un rat sur la plaie.

Une femme stérile devient féconde en se servant de choses qui amènent la stérilité.

Si l'on jette une éponge dans du vin mouillé d'eau, quand on la retire et la presse il n'en sort que de l'eau, et le vin reste dans le vase. Si le vin est pur, on aura beau presser, il n'en sortira rien.

Celui qui mord en mangeant des lentilles, fait une blessure incurable.

Une pierre ponce pendue au cou d'un enfant en rhume lui enlève sa toux; mise dans l'oreille d'un âne, elle le fait tomber en syncope.

Le liquide dans lequel on a mis des œufs de fourmis pilés, fait péter aussitôt celui qui en boit.

On guérit les tumeurs qu'on a sous les aisselles, en se mettant à l'annulaire une bague en tige de myrrhe. La racine de *jusquiame* blanche, enlève la colique à celui qui la porte.

La graine de poireau rend sa force au vinaigre éventé.

On rend le drap *incombustible* si, après l'avoir frotté avec de l'alun battu dans du blanc d'œuf, on le lave avec de l'eau salée.

Pour manier du fer rouge sans se brûler, on se frotte les mains avec de l'arsenic rouge et de l'alun broyés dans du suc de joubarbe et de la gomme de laurier.

Tout ce qui est dans un palais paraît noir, si l'on frotte d'écume de mer bien battue, la mèche du flambeau qu'on y allumera.

Si l'on mêle à l'huile d'une lampe du soufre jaune, tous les gens sembleront sans tête.

Pour goûter un sommeil paisible et sans cauche-mars, mettre du pourpier sur son lit.

La fumée d'une lampe éteinte fait avorter les ca-vales, et souvent même les femmes.

On chasse d'une maison les scorpions et les ser-pents en y faisant brûler du poumon d'âne, qui est aussi un contre-poison.

Ceux qui ont perdu la mémoire et le jugement les retrouvent en se pendant au cou la langue, l'œil ou la cervelle d'une *Huppe*.

L'épouse qui veut être satisfaite de son mari et être seule aimée de lui n'a qu'à porter sur elle un peu de moelle du pied gauche d'un loup.

Pour que les cheveux et les poils tombent et ne repoussent plus, on en frotte la racine avec de l'huile où l'on a fait bouillir la cuisse gauche d'une *Autruche mâle*.

Appliquée sur la hanche ou le côté d'une femme en couches, la dépouille d'un serpent facilite la délivrance.

Se frotter avec la graisse des reins d'un *Lion* fait braver tous les animaux ; et l'on fait peur aux *Loups* en s'oignant de fiente de lièvre.

On soulage un goutteux en attachant à la jambe malade, le pied droit ou le pied gauche d'une tortue.

Pour guérir un épileptique, on lui met au doigt une bague faite de la corne blanche d'un Âne.

Les mouches disparaissent d'une maison dont les murs sont enduits de blanc de chaux et de jus de pavot ou dans laquelle on a brûlé de la corne gauche d'un mulet.

Faites sécher un cœur de *Pigeon* et une tête de *Grenouille* et réduisez-les en poudre. Si vous en semez sur l'estomac d'une fille ou femme endormie elle confessera tout haut ses malices et peccadilles. Otez le mélange avant qu'elle ne s'éveille.

Mettez un *diamant* sur le front d'une femme qui dort : si elle est sage elle embrassera tendrement son mari ; si elle est infidèle, elle s'éveillera en sursaut.

Pendue au cou d'un fiévreux, l'ordure qui sort de l'oreille gauche d'un chien le guérit aussitôt.

Une femme devient grosse, si, couchant avec son époux, elle a sur elle de la corne de cerf et de la fiente de vache réduites en poudre; ou si on lui fait boire du lait de jument, sans qu'elle le sache.

Pour que la dentition d'un bébé s'opère sans douleur, on lui suspend au cou une dent d'un poulain d'un an.

Faites brûler dans votre chambre de la corne de cheval, les rats n'y viendront pas.

Si l'on sème sur le sol des graines quelconques, qu'on aura fait tremper dans la lie de vin et le suc de ciguë, tous les oiseaux qui en mangeront ne pourront plus voler et se laisseront prendre avec la main.

Si, pour s'en faire aimer, une femme a fait prendre quelque chose à un homme, celui-ci se délivrera du maléfice en pissant par la manche droite et la têtière gauche de sa chemise.

Pour rendre sa femme fidèle, le mari doit enduire de miel le lit conjugal, et le saupoudrer avec des cheveux de celle-ci qu'il aura fait brûler. Elle n'aimera plus que lui.

Celui qui se frottera avec du lait d'ânesse sera envahi par des nuées de moucherons.

Si l'on conserve pendant un mois des glaires d'œufs de poule, elles deviendront comme du verre très dur et dont on pourra faire des pierres de Topaze artificielles, si on les frotte avec de la terre rouge et du safran.

Si l'on noie une anguille dans du vin, celui qui en

boira ne pourra de longtemps et peut-être jamais goûter le jus de la treille.

Un bout de corde de pendu attaché à la pelle d'un boulanger l'empêchera d'enfourner, et le pain sortira.

Dans un grand pot de terre plein d'eau, faites bouillir à petit feu : une peau de serpent, de l'orpin, de la poix grecque, du chapontique, de la cire vierge et du sang d'âne, broyez bien le tout et laissez refroidir. Faites-en alors un cierge, et quand on l'allumera tous les gens paraîtront sans têtes.

Versez d'abord dans une lampe pleine d'huile, de la poudre de soufre et de la litharge; puis faites une chandelle avec de la cire vierge et de la fiente d'un animal quelconque : allumez la chandelle à la flamme de la lampe, et la tenant d'une main, offrez, de l'autre du vin aux assistants. Tous ceux qui en boiront sembleront avoir la tête de l'animal, dont on a employé la fiente.

Frottez une mèche de coton avec de la graisse d'oreille de chien, et mettez-la dans une lampe de verre vert neuve; en mettant cette lampe allumée entre deux hommes, on leur verra des têtes de chiens.

Mettez dans une fiole de verre bien bouchée et enveloppée du vif argent et de la poudre calamite, si vous l'introduisez dans le corps d'une volaille que vous allez faire rôtir, dès que la chaleur la saisira, elle sautera hors du plat.

En vous frottant les yeux avec de la graisse de poule mêlée à de la fiente de chat dans du vin, vous êtes sûr de voir ce que d'autres ne pourront pas voir.

Allez, avec deux chasseurs, le 5 des calendes de novembre, dans une forêt, rapportez la première bête que vos chiens auront prise; mangez-la avec un cœur de renard, et vous entendrez le ramage des oiseaux. Toutes les personnes de la société que vous embrasserez, l'entendront comme vous.

On trouve dans le nid des *Huppes* une certaine pierre de diverses couleurs qui rend *invisible* celui qui la porte sur soi.

Avaler un morceau de *Ver luisant* rend un homme impuissant.

Arrachez la langue d'une *Grenouille* vivante, et posez-la sur le cœur d'une femme endormie, elle répondra à vos questions, en avouant tout ce qu'elle a fait.

L'ail fait fuir les serpents, et le chien ne mange pas ce qui en est frotté.

Si l'on enfonce un ail, un oignon ou un poireau dans le trou d'une taupe, elle en sortira sans force, et se laissera prendre.

Faites brûler dans votre chambre de la fiente de vache laitière, jetez-y des grains formés avec de l'*alkekengé* mêlé à de la graisse de *dauphin.* Empêchez que la fumée ne sorte, et tous les assistants seront surpris de se voir grands comme des éléphants.

Avant de vous endormir, faites brûler des pastilles faites avec du sang d'âne caillé et de la graisse de poitrine d'un loup cervier, autant de l'un que de l'autre.

Quelqu'un vous apparaîtra en songe et vous prédira le bien ou le mal qui doit vous arriver.

Avec la main, broyez ensemble les yeux d'un *chat-huant*, ceux d'un *assères*, ceux d'un *libinitis* (poissons) et de la fiente de loup ; puis, ayant fait fondre la graisse d'une bête à votre choix, mêlez-y votre amalgame, et frottez de cette pommade la mêche d'une lampe.

Quand on l'allumera, toutes les personnes présentes auront la tête de la bête à la fiente.

Dans une lampe noire, versez de l'huile de sureau, avec du vif argent et du sang qu'on tire par la saignée, et vous vous verrez le visage d'un nègre.

Si vous faites une mêche avec du drap noir ou mieux avec un morceau d'un linceul de mort, en l'allumant au milieu de la salle, vous verrez des choses merveilleuses.

Coupez sur un drap mortuaire une tête de grenouille verte, trempez-la dans de l'huile de sureau et faites-en une mêche. Quand vous l'allumerez dans une lampe verte, vous verrez un homme noir prendre la lampe dans sa main et vous montrer plusieurs choses curieuses.

On verra aussi des choses prodigieuses, en formant une mêche avec du drap mortuaire que l'on enduit de la graisse d'un chien complètement noir dans laquelle on a fait fondre les poils de sa queue ; et en l'allumant dans une lampe verte pleine d'huile de sureau.

La salle ne doit pas avoir d'autre lumière.

Si l'on frotte la mêche ci-dessus, avec de la graisse d'un serpent noir et qu'on mette sa peau dans le milieu, quand on l'allumera dans la lampe verte, pleine d'huile de sureau, on verra la maison pleine de reptiles et de spectres.

Mêlez de la chaux vive avec autant de cire, et moitié d'huile de beaume, de suc de citron et de soufre ; faites-en une mêche que vous allumerez dans l'eau et qui s'éteindra si l'on y met de l'huile,

Frottez une mêche de lampe avec la matière argentée que vous avez extraite de la queue coupée d'un lézard. Quand vous l'allumerez, tout vous paraîtra blanc et brillant comme de l'argent.

Faites sécher du sang de tortue dans quelque chose dont vous pourrez former une mêche que vous mettrez dans une lampe. Dites à quelqu'un de la prendre et de l'allumer, il *pettera* tout le temps qu'il la tiendra à la main.

Pour rire en société, trempez une mêche dans du sang de lièvre et du sang de pigeon. A peine l'aurez-vous allumée que tout le monde, hommes et femmes, se mettront à sauter et danser.

On fait taire les grenouilles en allumant au bord de l'étang une chandelle de cire blanche et de graisse de crocodile.

Tous vos gens se croiront malades si vous faites brûler dans la pièce une mêche de poils d'*esturgeon*.

Pour empêcher quelqu'un de dormir, saupoudrez ses draps de poil-à-gratter.

Vous rirez aussi de bon cœur, en allumant une mèche faite de drap mortuaire dans lequel on a roulé une tourterelle jaune pilée, et qu'on a imbibée d'huile de sureau.

Frottez-vous la main ou même tout le corps avec du suc de mauve blanche battu dans des glaires d'œufs, laissez sécher, puis enduisez-vous par-dessus avec de l'alun. Vous pourrez alors vous saupoudrez de soufre et y mettre le feu sans danger.

On rend *incombustible* n'importe quel objet, en l'enduisant avec de la *glu de poisson* et de l'alun délayés dans du vinaigre de vin.

Modelez une statue ou autre chose avec une pâte formée de chaux vive, d'huile de silame, de la terre blanche et du soufre. L'objet s'enflammera et brûlera dans l'eau.

Si l'on pétrit de l'*écume de Brise* dans de l'eau de camphre, et qu'on s'en frotte les mains en se plaçant devant un flambeau, il s'éteindra si on les ouvre, et se rallumera si on les ferme.

Pour pouvoir lire aussi bien au jour que dans l'obscurité, il suffit de se laver la face avec du sang de chauve-souris.

Pour faire tomber tous les fruits d'un arbre ; broyez ensemble cinq parties de soufre jaune, autant de noir, deux de blanc et de cinabre et mettez-y le feu au-dessous des branches, la fumée produira l'effet désiré.

Pilez, broyez, mêlez ensemble de l'*aristoloche* ronde avec une grenouille des champs ; pliez le tout dans un papier, après y avoir écrit ce que vous aimez, et jetez-le : tous les serpents qui y mordront périront aussitôt.

Coupez en quatre un drap mortuaire, et dans chaque morceau, enroulez de la graisse de serpent mêlée avec du sel ; faites-en quatre mèches et en les allumant dans une lampe neuve remplie d'huile de sureau, la chambre semblera peuplée de reptiles.

On obtiendra le même effet, en broyant ensemble la peau d'un serpent, le sang d'un autre et la graisse d'un serpent mâle; faites de ces trois choses, roulées dans du drap de mort, une mèche que vous allumerez dans une lampe verte neuve.

Dans une lampe verte neuve, mettez une mèche faite avec du drap de mort contenant la cervelle et les plumes de la queue d'un oiseau broyées ensemble, imbibez-la d'huile d'olive, et quand vous l'allumerez, tous les objets sembleront verts et voler comme des oiseaux.

Pour faire une chandelle *mouvante*, on roule ensemble la peau d'un loup et celle d'un chien, on trempe cette mèche dans l'huile d'olive et l'on y met le feu.

Dans un linge de lin blanc et neuf, pliez une oreille de serpent et faites-en une mèche que vous trempez dans de l'huile d'olive, et mettez dans une lampe. Celui qui la prendra, tremblera d'épouvante dès qu'il l'aura éclairée.

Voulez-vous voir un spectre horrible ? voici ce que vous devez faire : au bout de sept jours, les vers qui se sont formés dans le derrière du crâne d'un cadavre se changent en mouches, qui, sept jours après, deviennent des dragons dont la morsure est mortelle.

Si on en fait cuire un dans de l'huile d'olive dont on formera une chandelle, ayant pour mèche un morceau de suaire, dès qu'on l'allumera dans une lampe d'étain, l'apparition funèbre aura lieu.

Autre recette pour se rendre *incombustible* : Frottez-vous avec un onguent composé de jus de guimauve, de la graine de persil et de la chaux pilés ensemble et mêlés avec du blanc d'œuf et du jus de raifort; quand la première onction est sèche, on s'en fait une seconde, et l'on peut passer par le feu, ou porter sans se brûler du fer rouge.

Pour faire du *feu grégeois*, faites bouillir ensemble: du soufre, du tartre, du *surcocolle*, du *picole*, du sel cuit, de l'huile commune et du pétrole. Tout ce qu'on mettra dedans brûlera.

L'*Eau ardente* ne peut se conserver que dans une bouteille de verre. Elle se compose de vin vieux fort et épais auquel on mêle le quart de chaux vive, autant de soufre en poudre, du bon tartre, du gros sel blanc commun, on distille cette eau avec un alambic et on la garde bien bouchée.

––––––

N. B. Nous ne saurions trop répéter que, pour se servir utilement de ces divers secrets, il ne faut les expérimenter que sous une planète favorable, et aux jours et heures pendant lesquels elle domine. (*Voir page 18 et suivantes.*)

––––––

LIVRE TROISIÈME

CURIOSITÉS MERVEILLEUSES

LIVRE TROISIÈME

CURIOSITÉS MERVEILLEUSES

I. — MYSTÈRES NATURELS

Albert, ce savant homme, s'est particulièrement attaché à faire des expériences sur des choses naturelles, mais incompréhensibles aux hommes.

Il y a si bien réussi, qu'on dirait que cette science lui est infuse, et nos lecteurs nous sauront gré de leur offrir ici ce que nous avons trouvé de plus utile dans ses écrits.

Pour faire passer un œuf dans une bague, sans le casser.

Laissez tremper un œuf pendant 5 jours dans du bon vinaigre ; il sera alors devenu assez doux et souple pour qu'on le fasse passer partout où l'on voudra.

Pour rendre les convives joyeux.

Ayant fait infuser quatre feuilles de *verveine* dans

du vin, arrosez-en la salle de festin, et tout le monde
sera gai et content.

Pour savoir si un malade guérira.

Tenant en main un bouquet de *verveine*, approchez-
vous du lit du malade et demandez-lui comment il
se porte. S'il répond : ça va mieux, il en réchappera;
s'il vous dit le contraire, il est perdu !

Pour se faire aimer.

Avec du jus de *verveine*, frottez-vous les mains,
et tendez-les à l'objet de vos désirs. La personne, à
votre contact, se sentira séduite.

Pour couper l'acier le plus dur.

Frottez le tranchant d'un couteau avec de l'herbe
appelée *berbette* (épine-vinette) ; dès qu'il sera sec,
il coupera tout ce que l'on voudra.

Pour détruire les puces.

Pline assure que le meilleur moyen est d'arroser
la chambre avec une décoction de *rue* et de l'urine
de jument.

Contre les punaises.

Faites confire et tremper dans de l'eau un *con-
combre* en forme de serpent, puis frottez-en votre
lit : les punaises crèveront toutes.

Le même effet se produit, en détrempant dans du
vinaigre du fiel ou de la fiente de bœuf.

Si vous mettez sous votre oreiller de la grande
consoude, les insectes s'y rassembleront et n'iront
pas ailleurs.

Pour mettre les serpents en fuite.

Il suffit de faire bouillir puis de brûler des plumes de *vautour* à l'endroit où l'on est, ou de porter sur soi le cœur de cet oiseau.

Pour chasser les démons.

Ayez sur vous le cœur d'un *vautour* lié avec un poil de *lion* ou de *loup*.

Pour obtenir ce qu'on veut.

Arrachez, sans fer ni couteau, la langue d'un *vautour* et portez-la à votre cou, pliée dans du drap neuf.

Pour faire voir le diable.

La personne endormie dont on frottera le visage avec du sang de *huppe*, rêvera que les démons l'entourent.

Pour marcher sans fatigue.

En partant en voyage, faites-vous, en marchant, une ceinture avec une branche d'*armoise* ; puis faites cuire cette herbe et lavez-vous-en les pieds : vous ne vous lasserez jamais.

Pour vivre sans danger.

Celui qui a toujours sur lui de l'*armoise*, ni les mauvais esprits, ni le poison, ni l'eau, ni le feu ne peuvent lui nuire.

De plus, cette herbe, placée à l'entrée d'une maison, la garantit de la foudre et des animaux venimeux.

Pour dégraisser les étoffes.

Pilez, mêlez et détrempez dans de l'eau claire :

> 1 demi livre de cendre gravelée ;
> 2 onces de savon blanc ;
> 2 onces de gomme arabique ;
> 2 onces d'écume d'alun ;
> 1 once de glu ;
> 1 once de campanes.

Avec cette eau, vous enlèverez n'importe quelles taches.

Pour écrire en lettres d'or ou d'argent.

Après avoir pulvérisé :

> 1 once de pierre de touche ;
> 2 onces d'ammoniac ;
> 1/2 once de gomme arabique.

Faites dissoudre ces poudres dans de l'eau de figuier, et quand vous aurez tracé vos lettres avec, saupoudrez votre écriture avec le métal voulu.

On peut faire de même des dessins.

Pour rétablir la paix des ménages.

Faites porter à l'homme un cœur de *caille* mâle et à la femme un cœur de caille femelle ; tant qu'ils les garderont, non seulement ils n'auront pas de querelles, mais ils s'adoreront envers et contre tous les enchantements et maléfices.

Dentition sans douleur.

Si vous oignez les gencives d'un bébé avec de la

cervelle de *lièvre* cuite, ses dents sortiront sûrement sans qu'il s'en aperçoive.

Pour empêcher l'eau de bouillir.

Enlevez le gros os du côté droit d'une *grenouille* et jetez-le dans de l'eau bouillante, l'ébullition cessera quelque feu qu'on fasse dessous.

Pour faire bouillir de l'eau sans feu.

L'os du côté gauche de la grenouille produit tout le contraire du précédent ; car il fait bouillir l'eau sans feu.

Cet os nommé *oponicom* rend amoureux ceux qui en boivent dans un liquide quelconque, ou qui se l'attachent à la cuisse.

De plus, dit Pline, il calme les chiens enragés.

Pour charmer les reptiles.

On peut parcourir la campagne, sans crainte des serpents, si l'on se ceint avec des feuilles de *fraisier*.

Faites un cercle avec ces feuilles et mettez un serpent au milieu, il y restera sans bouger ; bien plus, si l'on fait du feu près de là et qu'on ouvre le cercle de ce côté, le reptile se jettera dans le brasier, plutôt que de demeurer dans les feuilles.

Pour faire de l'or avec du fer.

Mettez dans un creuset de terre de l'or en feuilles et du mercure ; quand l'or sera fondu, mêlez les deux substances et frottez-en un morceau de fer que vous remettrez au feu. Le mercure fondra et l'or restera seul sur le fer.

Faites tremper ce même fer, pendant 4 ou 5 jours dans l'urine, puis frottez-le fortement avec de l'eau de coing : ce fer doré simulera de l'or véritable.

Faire pousser son nom sur un fruit.

Enterrez un noyau de pêche ou d'amande, dans un temps propre à planter ; au bout de 6 ou 7 jours, quand il est à demi-ouvert, retirez-le avec précaution, écrivez dessus avec du *cinabre*, tout ce que vous voudrez ; quand il sera sec, refermez-le avec un fil très fin et remettez-le en terre.

Sur le fruit que portera l'arbre venu de ce noyau, on verra reproduit ce qu'on aura écrit avant.

Pour guérir de la peste.

Faire boire une mixtion tiède de 1/2 once d'eau de *Vinette* et d'un dragme de *Thériaque*.

Couvrir le malade pour le faire suer, il est certain qu'il guérira, s'il n'est pas atteint depuis trop long-temps.

Pour durcir les métaux.

Ayant broyé de la verveine avec sa racine, mêlez-en le suc à autant d'urine et le sang d'un petit ver appelé *spondilis*.

Plongez dans cette mixtion du *fer* légèrement chauffé et laissez-l'y refroidir, jusqu'à ce que vous voyez dessus des taches jaunâtres ; alors remettez-le dans le bain et quand il n'y bleuira plus, ce sera signe qu'il est assez durci.

Pour tremper un *couteau*, chauffez-le et faites-le refroidir dans de la moelle de cheval.

On durcit les *limes* en les mettant dans une boîte de fer avec, dessus et dessous, une couche de cendres de vieux cuirs calcinés mélangés avec autant de sel.

Faites rougir la boîte au feu, puis, plongez-la dans de l'eau froide.

On peut encore les frotter avec du sang de bouc ou de l'huile de lin.

L'*acier* chauffé sera trempé dans de l'urine d'homme étendue d'eau tiède ; ou dans de la bonne moutarde composée de très fort vinaigre.

Pour empêcher que votre acier se fende à la trempe, faites fondre du suif et versez-le dans de l'eau froide, jusqu'à ce qu'il s'épaississe et surnage. Plongez alors votre acier bien chaud dans ce suif et puis dans l'eau ; il deviendra dur et tranchant.

Pour durcir d'autres matières.

Pilez et pressez dans un linge des vers de terre, frottez-en la matière bien chaude que vous voulez durcir, puis plongez-la dans du jus de quintefeuilles et d'*aluines*.

Pour amollir le fer ou l'acier.

Pour rendre le fer ou l'acier souple comme du cuivre, étendez sur un linge une couche de l'épaisseur d'un doigt, de chaux vive broyée au mortier avec autant d'alun ; posez dessus votre métal et mettez-le ainsi pendant une heure sur le feu jusqu'à ce qu'il se refroidisse de lui-même.

Autres moyens. — Frottez votre fer rouge avec une plume imbibée de l'eau qui surnage sur le sang d'un homme qu'on vient de saigner.

G.

On obtient le même effet en trempant le métal très chaud dans une infusion de camomille, de verveine et d'herbe Robert.

Pour amollir le cristal:

Faites fondre, dans un creuset, autant de cristal brisé que de plomb calciné et vous aurez du verre malléable.

Ou bien laissez tremper le cristal ou l'acier, pendant 24 heures dans une lessive de chaux vive et de cendres gravelées.

Pour souder même du fer à froid.

Pilez ensemble :

1 once d'ammoniac ;
1 once de sel commun ;
1 once de tartre calciné ;
3 onces d'antimoine.

Passez cette poudre au tamis, mettez-la dans un linge, en l'entourant d'une couche d'argile de l'épaisseur d'un doigt. Quand la terre sera sèche, placez ce bloc sur des tets de pots et chauffez jusqu'à ce que le tout soit rouge et fondu ensemble.

Laissez refroidir et pilez de nouveau l'amalgame.

Quand vous voudrez vous en servir rapprochez le plus près possible les deux pièces à souder et saupoudrez la jointure avec votre matière.

Faites alors fondre du borax dans du vin et frottez-en avec une plume votre soudure qui bouilira aussitôt.

Quand elle sera refroidie, l'opération sera faite. Frottez les excroissances qu'on ne peut enlever avec la lime.

Autre moyen.

Limez bien juste les jointures des fers et mettez-les au feu comme ci-dessus. Jetez alors dessus du verre de Venise : il se refroidira incontinent.

Pour liquéfier le métal.

Pulvérisez ensemble, à quantité égale, de l'antimoine, du tain de verre et du sel gris ; mettez cette poudre au feu avec le tiers de métal et tout fondra en même temps.

Pour graver sur tous les métaux.

Détrempez dans du vinaigre et faites une pâte avec : 1 partie de charbon de Tillot, 2 parties de vitriol et 2 parties de sel ammoniac.

Quand vous voudrez graver sur fer ou autre matière, tracez votre dessin avec du vermillon délayé dans de l'huile de lin. Quand il sera sec, coulez dessus une couche épaisse de votre pâte aussi chaude que possible.

Dès qu'elle sera froide, vous l'enlèverez et laverez bien la gravure.

On peut faire de même avec deux parties de vert d'Espagne et une de sel broyées dans du vinaigre ; ou bien du vitriol, de l'alun, du sel, du vinaigre et du charbon de Tillot.

Pour graver avec de l'eau.

Pilez ensemble et laissez séjourner pendant 5 ou

6 heures dans un verre, en remuant souvent : du vert d'Espagne, du vif argent, du sublimé, du vitriol et de l'alun à proportion.

Faites votre dessin sur le métal avec de l'ocre ou du vermillon à l'huile de lin et frottez votre dessin avec cette eau que vous laisserez dessus un jour ou plus, selon que vous voudrez que la gravure soit plus profonde.

Pour graver en relief.

Détrempez dans du fort vinaigre et mêlez bien ensemble un quart d'once de vert d'Espagne, autant d'alun, d'ammoniac, de tartre, de vitriol et de sel commun et laissez macérer pendant une heure.

Tracez votre dessin avec de l'ocre à l'huile de lin. Quand ce vernis est sec, faites chauffer votre liquide dans une poêle étamée et, tenant d'une main le métal au-dessus, arrosez-le, de l'autre, pendant un quart d'heure avec une cuiller, en prenant garde que l'eau ne soit pas trop chaude, pour ne pas faire couler le vernis.

En frottant votre acier avec de la chaux vive ou de la cendre, vous verrez apparaître le dessin gravé en relief.

Pour dorer ou argenter les métaux.

Broyez ensemble, avec de l'huile de lin, une première partie d'ocre, la deuxième de mine, la quatrième de bol d'Arménie et autant d'eau-de-vie, en y mêlant 4 à 5 gouttes de vernis. Si la couleur est trop épaisse, ajoutez un peu d'huile, puis passez le tout dans un linge et, quand il sera enc-

tueux comme du miel, enduisez-en votre matière.
Laissez sécher et semez dessus de la poudre d'or
ou d'argent.

Pour jaunir l'étain ou le cuivre.

Dans un pot étamé, faites bouillir ensemble sur
un feu de charbon, en mêlant bien le tout : du
vernis sec, de l'ambre et de l'alun en égale quantité,
puis ajoutez de l'huile de lin.

Si la couleur est trop épaisse, on l'éclaircira
avec de l'huile ; si elle est trop claire, on remet
de l'alun.

Pour dorer de l'étain.

Détrempez dans de l'huile de lin clarifiée
autant d'ambre que d'aloës ; faites bouillir et
épaissir ce vernis sur le feu.

Enterrez votre pot pendant 3 jours, puis ver-
nissez votre étain avec cette mixtion, il prendra la
couleur d'or que vous mettrez dessus.

Pour argenter le cuivre.

Broyez sur une pierre : du tartre, de l'alun et du
sel ; ajoutez-y 1 ou 2 feuilles d'argent et mettez le
tout dans un pot étamé rempli d'eau ; plongez-y
votre cuivre, puis frottez-le pour voir s'il est suffisamment argenté.

Pour dorer le fer ou l'acier.

Prenez une partie de tartre, la moitié d'ammoniac, autant de vert d'Espagne et un peu de sel.
Faites bouillir le tout dans du vin blanc ; puis,

frottez-en votre fer, après l'avoir bien poli. Quand il sera sec, dorez-le avec de l'or moulu.

Eau pour dorer le fer.

Faites bouillir ensemble :

1 once de cendre gravelée ;
1 once de vin blanc ;
1 once d'alun ;
1/2 once de sel gemme ;
2 gros de vert d'Espagne ;
2 gros de couperose ;
1 pinte d'eau de rivière et du gros sel.

Quand le liquide est réduit de moitié, mettez-le dans un pot neuf et couvrez-le pour qu'il ne prenne pas l'air.

Cette eau vous servira avec succès quand vous voudrez dorer quelque objet.

Pour nettoyer les métaux.

Mettez dans un pot, avec de l'huile d'olive, de la limaille de plomb très fine, et laissez-le pendant 9 jours bien couvert.

L'acier, le fer, les armes, etc., que vous frotterez avec cette huile, ne se rouilleront jamais.

La graisse de pieds de bœufs bouillie donne le même résultat.

Pour savoir si une femme est enceinte.

On connaît qu'une femme a conçu quand elle a le visage plus rouge qu'à l'ordinaire, ou quand elle a des fantaisies ou *envies* bizarres de manger du charbon, de la terre, des fruits hors de saison, etc.

Si, quand on lui fait boire, en se couchant, de l'eau miellée, elle ressent une légère piqûre au nombril, c'est un signe qu'elle est enceinte.

Pour savoir si une Femme aura un Garçon ou une Fille.

1° La femme qui porte un garçon a le teint plus coloré et la démarche plus légère ;

2° Le ventre grossit et s'arrondit davantage du côté droit ;

3° Le lait qui sort de ses mamelles reste épais et coagulé ;

4° En jetant dans de l'eau claire une goutte de lait ou de sang tirée du côté droit, elle tombe aussitôt au fond ;

5° La mamelle droite est plus grosse que l'autre

6° Le sel qu'on lui met sur le bout du sein ne fond pas ;

7° Elle remue toujours le pied droit le premier

8° Elle ressent un peu de douleur du côté droit.

Le contraire de ces symptômes arrive si la femme porte une fille :

Son allure sera plus lente, son teint plus pâle.

Le ventre et la mamelle seront plus gros à gauche et un peu basanés.

Son lait sera plus liquide et coulant, et il surnagera, si l'on en jette une goutte dans l'eau.

Elle remuera toujours le pied gauche le premier.

Le sel fondra sur le bout de son sein ; et le côté gauche lui semblera plus douloureux.

Pour avoir à coup sûr un Garçon.

Pour avoir un Garçon, faites boire à votre femme

en se couchant, un verre de vin dans lequel vous aurez versé une poudre composée des entrailles et des génitoires d'un lièvre desséchées et pilées très fin.

Une ceinture de poil de chèvre trempée dans du lait d'ânesse et attachée sur le nombril au moment de voir son mari, amènera la conception, sauf le cas d'impuissance formelle.

Lequel, de l'Homme ou de la Femme est impuissant ?

Qu'on fasse sécher et qu'on réduise en poudre le foie et les génitoires d'un jeune porc, et qu'on en donne à boire aux deux époux, ils deviendront tous deux puissants et vigoureux et auront de beaux enfants.

Mettez dans un pot de l'urine de l'homme, et de l'urine de la femme dans un autre ; jettez dans chacun d'eux du son de froment et tenez-les bien bouchés pendant 9 jours.

Si c'est l'homme qui est impuissant, il trouvera des vers dans son pot, et même s'il le recouvre d'un chaudron, il s'y engendrera une grenouille puante ou un crapaud.

Si c'est la femme qui n'est pas bonne à la génération, son pot ne contiendra que des menstrues.

Pour savoir si une Fille est vierge.

Si vous soupçonnez la vertu de votre fiancée, faites-lui manger, à son insu, de la poudre fine qui se trouve entre les fleurs de lis jaunes.

Si elle est chaste, soyez sûr qu'elle ira pisser presque aussitôt.

Ce secret semble être peu de chose en apparence, mais il a été souvent expérimenté avec succès.

Ajoutons qu'une fille honnête a la démarche pudique et modeste, et est craintive en présence des hommes.

De plus, son urine est claire, luisante, quelquefois blanche ou couleur d'azur.

II. — PROPRIÉTÉS SALUTAIRES DES FIENTES

Excréments humains.

Dioscoride, *Eginette*, *Gallien* et autres docteurs illustres font un grand cas des excréments de l'Homme comme remède contre les *Esquinancies* et *Maux de gorge*.

Voilà la manière de les préparer :

Pendant 3 jours, on donnera à manger à un jeune homme de bon tempérament et en parfaite santé, des *Lupins* avec du pain bien cuit, dans lequel il y aura un peu de levain et de sel.

On ne lui fera boire que du vin clairet, et il s'abstiendra de toute autre nourriture.

Il faudra rejeter, comme inutiles, les excréments qu'il rendra le premier jour et conserver soigneusement ceux du deuxième et du troisième, que l'on mêlera avec autant de miel.

Bu ou avalé comme de l'opiat, ou appliqué comme emplâtre à l'extérieur, ce remède est souverain.

Fiente de Chien.

On enferme un chien pendant trois jours et on ne lui donne que des os à ronger. On ramasse sa fiente et on la fait sécher ; elle est bonne et admirable pour la *Dysenterie*.

Pour s'en servir, on jette dans un vase plein d'urine des cailloux de rivière rougis au feu, et on y mêle un peu de la poudre ci-dessus.

Le malade doit en boire matin et soir, pendant trois jours, sans savoir ce qu'on lui donne.

Il est incontestable, d'après les témoignages de personnes dignes de foi, que ce remède est *infaillible*. Moi-même, qui vous apprends ce secret, j'ai guéri, en un an, deux cents malades, pendant que plus de deux mille sont morts du même mal, après toutes les médications et tous les frais imaginables.

J'avertis le lecteur que cette Fiente est le meilleur dessiccatif pour les ulcères malins et invétérés.

Fiente de Loup.

Pour guérir instantanément toute espèce de colique, on fait prendre dans un peu de vin de la Fiente de loup dont on a extrait les débris osseux qu'on y trouve et qu'on réduit en poudre impalpable.

On sait que cet animal cruel et glouton dévore très souvent les os qu'il avale avec la chair et qui restent dans ses excréments, ce sont eux seulement qu'on utilise.

Fiente de Bœuf ou de Vache.

Enveloppée dans des feuilles de *vigne* ou de *choux*, et cuite sous les cendres, cette fiente guérit les inflammations des plaies et les douleurs *sciatiques*. Si on la mêle à du vinaigre, elle dissipe les *écrouelles*.

Elle est également précieuse pour les tumeurs testiculaires, qui disparaissent en 2 ou 3 jours ; dans ce cas, on fait frire de la bouse de vache fraîche, dans une poêle, avec des fleurs de camomille, des roses de Mélilot et on l'applique en cataplasme sur la partie malade.

J'ai sauvé, de cette façon, un pauvre vigneron qui avait dépensé inutilement beaucoup d'argent avec les chirurgiens, et qui en fut quitte en peu de temps et à peu de frais.

La fiente de vache chaude appliquée sur le ventre enlève l'*hydropisie*. Elle guérit aussi les piqûres de guêpes, de frêlons, d'abeilles, etc.

Fiente de Porc.

Le proverbe dit à tort : « Tout est bon dans le porc, *sauf la fiente.* »

C'est, au contraire, ce qu'il a de meilleur, comme le prouve le fait suivant :

Un jeune homme qui crachait le sang en abondance, était abandonné de tous les médecins qui y perdaient leur latin.

Sa mère désolée m'appela, me supplia de sauver son enfant, et touché de compassion, j'essayai le remède que voici :

Je fricassai de la fiente de porc avec autant de

crachats de sang du malade, en y ajoutant un peu de beurre frais, et le lui fis manger, sans qu'il se doutât de rien. Le croirait-on ? le lendemain les savants docteurs qui l'avaient condamné furent stupéfaits de le voir marcher sain et sauf.

Fiente de Chèvre.

Gallien guérissait les tumeurs les plus graves et calosités des genoux, en y appliquant un emplâtre de fiente de chèvre délayée dans la farine d'orge et de l'oxicrate.

Avec de la lie d'huile de noix et du beurre frais, elle est admirable pour les *Parades* et les Oreillons.

J'ai guéri plus de vingt personnes de la *jaunisse*, en leur faisant avaler, pendant 8 jours, tous les matins à jeun, 5 petites crottes de chèvre dans du vin blanc.

Qu'on trouve mon remède ridicule, on ne peut contester ses étonnants effets.

Fiente de Brebis.

Elle a les mêmes propriétés que la précédente ; mais au lieu de l'avaler, on l'applique sur le mal, détrempée dans du vinaigre.

Clous, furoncles, verrues, ne peuvent résister à ce cataplasme.

Fiente de Pigeon domestique.

Mêlée à de la graine de cresson d'eau, cette fiente réussit très bien pour les douleurs de l'os *ischien*.

Pour faire mourir une fluxion ou une tumeur, on

pose sur l'endroit malade un emplâtre composé de :

1 once de fiente de Pigeon ;
2 drachmes de graine de moutarde ;
1 once d'huile distillée de vieilles tuiles.

Fiente d'Oie et de Canard.

Un moine portugais a fait, en peu de temps, des cures miraculeuses sur de nombreux malades atteints de la *jaunisse*, en leur vendant à prix d'or un remède qu'il disait fort cher, et qui n'était, en somme, que de la fiente d'oie, dont il leur faisait prendre tous les matins à jeun, pendant 9 jours, 1 drachme détrempé dans du vin blanc.

Je me suis servi moi-même de cette recette avec le plus grand succès.

Fiente de Poule.

Délayée dans de l'huile rosat et posée sur la brû lure, elle est d'un excellent effet.

Mêlée avec de l'oximel, elle arrête les suffocations et soulage ceux que les champignons ont indisposés, car elle fait vomir tout ce qui embarrasse le cœur.

Gallien la faisait boire dans de l'hypocras fait de miel et de vin à ceux qui éprouvaient de très fortes coliques.

Fiente de Souris.

Il est certain que mêlée avec du miel, elle fait repousser le poil sur les parties *chauves* que l'on en f rictionne.

Fiente de petits Lézards.

Les dames avancées en âge et qui veulent encore paraître belles, verront leurs rides disparaître et leur teint acquérir la blancheur et la fraîcheur du lis et de la rose, en employant le fard enchanteur dont voici la recette :

Après avoir broyé ensemble dans un mortier puis passé au tamis :

> De la fiente de *petits Lézards*,
> Des os de sèche,
> Du tartre de vin blanc,
> De la raclure de corne de cerf,
> Du corail blanc,
> De la farine de riz,

en quantités égales, faites détremper, pendant une nuit, cette poudre dans de l'eau distillée d'amandes, de limaces et de fleurs de bouillon blanc.

Mêlez-y ensuite autant de miel blanc et broyez de nouveau le tout dans un mortier.

Cette pommade doit être conservée dans un vase d'argent ou de cristal bien propre.

Celles qui s'en frotteront souvent le visage, les seins et la gorge, s'empresseront de rendre hommage à la bonté et à l'efficacité de cette recette.

III. — PROPRIÉTÉS HYGIÉNIQUES DIVERSES

Vertus de l'urine.

Les effets de l'urine pour l'usage externe ou interne sont merveilleux.

L'urine est chaude et âcre, je la crois plus précieuse que les simples dont on fait la *thériaque* et même que les secrets de *Rufus*, parce que ces excellents remèdes peuvent manquer, et que l'urine est infaillible dans ses propriétés.

Malgré la répugnance naturelle qu'on éprouve à en boire, on peut être assuré que rien n'est plus efficace que cette boisson pour guérir plusieurs maladies dont nous allons parler, surtout si l'urine provient d'un homme jeune et bien portant.

La *teigne* et les ulcères suppurants des oreilles cèdent à cette médication.

Dans les îles d'Espagne, les médecins emploient avec succès contre les morsures de bêtes venimeuses la recette suivante : ,

Faire bouillir dans du fort vinaigre et autant d'urine d'homme, une poignée de feuilles de *bouillon blanc*, de *groseille rouge* et de *cariophile*, et laisser l'infusion se réduire à moitié. On fomente et frotte la piqûre avec lesdites feuilles, et si le venin a déjà pénétré dans le corps, ne pas hésiter à en boire un demi-verre, qui ne tarde pas à sauver le malade.

Vertus des os humains.

Les ignorants sont bien niais d'aller chercher à grands frais, dans des pays lointains, des remèdes qui ne valent pas ceux qu'ils ont sous la main.

Les *épileptiques* sont sauvés comme par miracle en avalant dans du vin blanc des os humains réduits en cendres.

J'ai guéri, à Tours, de ce mal une jeune fille, en lui faisant prendre, pendant quarante jours, à jeun, de ces cendres dans une décoction de *pivoine* ou de bonne *canelle*.

Vertus des cornes de pieds de porcs, de truies ou de bœufs.

Réduite en cendres et bue dans un liquide, la corne de pied de *porc* guérit les tranchées et les inflammations de l'épigastre.

Celle de *bœuf*, avec du miel, consolide les dents ébranlées ; si l'on en boit elle est vermifuge. Prise avec de l'oximel, elle apaise les maux de la rate.

Vertus de la salive.

La salive, surtout celle d'un homme à jeun, qui est resté longtemps sans boire, tue les aspics et autres bêtes venimeuses sur lesquels on la crache, ou si on les touche avec un bâton qui en est imprégné.

En les frottant de leur salive, les nourrices guérissent leurs bébés des furoncles, gales et inflammations.

Telle est l'efficacité de la salive, que du blé cru,

longtemps mâché et mis sur une tumeur, la fait mûrir et percer promptement.

Les médecins arabes affirment même que, mêlée avec du mercure, elle en enlève la malignité, et qu'en les respirant seulement, un pestiféré peut être sauvé.

Vertus des limaçons et des escargots.

Le *limaçon rouge* doit être cuit au four dans un pot bien bouché, puis réduit en poudre.

On en fait prendre pendant 15 jours dans de la bouillie aux enfants à la mamelle, et dans du potage s'ils ne tettent plus, ce qui les guérit de la *hernie*, sans rien appliquer dessus.

Pour ceux qui sont délicats, on leur fera prendre de l'eau de limaçons cuits au bain-marie, avec du sucre ou dans de la bouillie.

Si l'on hache ensemble des limaçons rouges avec égale quantité de romarin, et qu'on les mette pendant 40 jours sous du fumier de cheval, dans un vase hermétiquement fermé, on en retire une huile qu'on verse dans un flacon de verre bien bouché et qu'on laisse quelque temps exposée au soleil.

Cette huile guérit rapidement les tranchées des femmes en couches. Et celles qui ont le ventre ridé par de nombreux accouchements, et qui se frotteront avec cette huile, reprendront une peau douce et unie, comme si elles étaient filles.

Les *limaçons à coquilles* ou *escargots*, broyés et appliqués sur le ventre d'un hydropique, font sortir l'eau qui s'est accumulée sous la peau. Il faut les laisser sur la partie jusqu'à ce qu'ils tombent d'eux-mêmes.

Gallien dit que, si l'on applique sur le front un opiat moelleux formé de limaçons broyés avec de la poudre d'encens et d'aloès, on guérit les fluxions des yeux.

J'ai guéri ainsi un meunier, du soir au lendemain, d'un nerf foulé, en appliquant dessus des escargots vivants avec leurs coquilles et un peu de farine folle que j'avais prise autour de son moulin.

En 1535, il y eut à Naroles une épidémie de dysenterie qui fit mourir beaucoup de gens en dépit de tous les remèdes des médecins. J'en délivrai plus de 300 de cette dangereuse maladie, en leur faisant absorber de la cendre de limaçons avec des mûres pilées, et un peu de poivre blanc et de noix de galles.

Broyés et mis sur le nombril, ils arrêtent toutes sortes de menstrues ; on prétend même que sur une plaie, ils en retirent toutes les humeurs.

Les rétentions d'urine et toutes les chaudepisses cèdent à la médication suivante. Prenez :

> 1 livre de limaçons ;
> 1 livre de blancs d'œufs ;
> 1 livre des 4 semences froides ;
> 1/2 once d'eau de laitues ;
> 4 onces de cosse fraîche ;
> 3 onces de térébenthine de Venise,

Broyez et pilez le tout ensemble et laissez macérer l'amalgame pendant une nuit; puis faites distiller.

Après quelque temps de repos, faites boire au malade, à jeun, une demi-once de cette eau avec un drachme de sucre rosat.

Au bout de neuf jours, la guérison sera radicale.

Vertus des vers de terre.

Gallien dit que ces vers broyés et appliqués aussitôt sur des nerfs coupés, les rejoignent en peu de temps. Si on en boit hachés et cuits avec de l'eau et du miel, ils guérissent les rétentions d'urine les plus invétérées.

Cuits avec de la graisse d'oie, ils calment les maux d'oreilles.

Brouillés dans de l'huile, et instillés tout chauds dans l'oreille opposée, ils arrêtent la rage des dents.

Bus dans du vin, ils font dissoudre les calculs des reins et de la vessie.

Les vers absorbés avec de l'eau miellée, guérissent rapidement la jaunisse.

Certains médecins se contentent de les faire prendre en poudre aux malades trop dégoûtés.

Vertus des punaises.

Quoiqu'il n'y ait rien de plus sale et de plus nauséabond que les *punaises*, il suffit de les boire avec du fort vinaigre, pour faire évacuer les sangsues qu'on aurait avalées en se désaltérant aux fontaines.

Vertus des vieux souliers.

On dit souvent à quelqu'un : « *Je te méprise*

comme mes vieux souliers !... » On en ferait pourtant plus de cas, si l'on savait l'usage qu'on en peut faire.

Mêlée à du miel rosat, la cendre de ces cuirs rebutés guérit fort bien les meurtrissures et engelures des talons.

De plus, on en extrait une huile précieuse pour faire aboutir les tumeurs.

Vertus des cendres de bois.

Les cendres d'*orme*, de *chêne*, d'*érable*, de *lierre* et de *bouleau* sont astringentes et resserrent.

Gallien dit avoir arrêté plusieurs fois les hémorragies du nez et des blessures avec ces cendres.

La cendre de sarment fend et gerce ce sur quoi on l'applique. Cependant la lessive qui en provient, bue avec du sel, est un remède souverain contre les suffocations ; et, fait incroyable, j'ai sauvé plusieurs pestiférés en leur donnant quantité d'eau où j'avais mis de la cendre chaude, en leur recommandant de se faire suer après l'avoir bue.

Vertus du bois pourri.

Posé sur un ulcère purulent, le bois pourri le nettoie et le fait fermer.

Vertus des coquilles de noix.

Si vous souffrez de fortes coliques, faites tremper dans du vin blanc la peau qui se trouve entre l'amande et la coquille des noix, vous serez soulagé tout de suite.

La cendre de ces entre-deux, mêlée avec du vin et appliquée sur le nombril arrête les menstrues.

Les *Coquilles de noix* réduites en cendre et broyées avec du vin et de l'huile, donnent une pommade excellente pour empêcher la chute des cheveux.

La noix entière brûlée et posée sur le nombril calme les douleurs de matrice.

L'*huile de noix*, faite au soleil avec des fleurs de sureau, est souveraine pour remettre les nerfs piqués, coupés ou luxés.

Du *brou de noix vert* on tire un suc qui, cuit avec du miel, guérit les maux de gorge, même purulents.

On en fait aussi une liqueur stomachique.

Vertus des cornes.

La corne de la *licorne*, en tisane ou en cataplasme, fut longtemps une panacée, surtout contre les venins, les poisons et la peste.

La *corne de cerf ou de chèvre*, blanchit les dents et raffermit les gencives. Leur cendre, prise dans un liquide, calme les maux de ventre, la dysenterie et même les coliques de *miserere* ; elle arrête les crachements de sang.

Vertus des vieux pots et vieilles tuiles.

Pulvérisés et mêlés avec du miel, on s'en sert pour blanchir les dents.

Détrempés dans du fort vinaigre, ils enlèvent les pellicules, les démangeaisons du cuir chevelu, et même les pustules.

Broyés avec de la cire, si l'on en enduit les écrouelles, on les fait venir à suppuration.

On tire aussi des vieilles tuiles une huile appréciée, jadis, comme remède à plusieurs maux. Elle fut appelée, tour à tour : *huile divine, huile bénie, huile des philosophes*, etc.

Vertus de la boue des rues.

« *Je me soucie de toi comme de la boue de mes souliers !* » cette apostrophe méprisante est on ne peut plus déplacée, si l'on considère qu'appliquée sur une brûlure, la boue des rues empêche qu'il n'y vienne une cloque.

La boue qui se trouve sous un seau, ferme promptement les coupures.

La boue du fond de l'auge des rémouleurs, posée sur la mamelle d'une femme en couches arrête, en une nuit, l'inflammation de la *fièvre de lait*, mieux que ne le font en 15 jours la ciguë, la lessive et le *populeum*. En y mêlant un peu d'huile rosat, on lui ôte sa mauvaise odeur.

Vertus de la saumure.

Prise en lavements, la saumure nettoie le corps et calme les coliques. Appliqué sur les genoux, un vieux fromage pourri, détrempé dans de la saumure de jambon, enlève les callosités et durillons.

Vertus du nid d'hirondelles.

La poussière du *nid d'hirondelles* est un remède inestimable contre les inflammations si on la mêle avec du miel et qu'on en frotte la partie malade au dehors, et, s'il se peut, au dedans.

Cuit dans du vin, si l'on s'en frotte, ce nid guérit les maux de gorge mieux que tous les sirops, les huiles et autres médicaments d'Orient et d'Occident.

Vertus de la suie.

La suie de cheminée la plus fine, délayée dans du fort vinaigre, enlève les engelures, après qu'on les a frottées jusqu'à ce qu'elles deviennent rouges.

Pour chasser toutes les humeurs et démangeaisons de la peau, on la prépare comme suit :

Faites brûler du beurre, au lieu d'huile, dans une lampe, et recueillez précieusement la suie qui se dégagera de la fumée, c'est un véritable trésor pour guérir les glandes lacrymales et les yeux qui suintent ou suppurent.

Les Anciens faisaient de la suie avec de la poix, qui, mise chaude dans l'oreille, en enlevait l'inflammation. Ils en faisaient aussi avec de l'encens, de la myrrhe, de la térébenthine, etc.

Vertus du trognon de chou.

Le trognon de chou, brûlé avec sa racine et mêlé avec du vieux saindoux, guérit tous les points de côté.

Vertus des Toiles d'Araignées.

L'araignée pilée et appliquée, dans un linge, sur le front et les tempes, guérit la fièvre tierce.

La toile d'araignée mise sur une coupure, arrête le sang. De plus, elle empêche les ulcères et les plaies de s'enflammer.

Vertus de la Cervelle de Lièvre.

La *cervelle de lièvre*, quand on en frotte les gencives d'un enfant, facilite la dentition.

La personne poureuse qui en mangera souvent deviendra brave.

Détrempée dans du vin clairet, elle guérit les incontinences d'urine.

Vertus de la Cervelle de Chat.

Il suffit de s'en frotter le cou, pour guérir, en deux jours, les plus violents maux de gorge.

Vertus des Coquilles d'Huîtres.

Pilées ou calcinées et mêlées avec du beurre frais, elles ont une puissance merveilleuse pour fermer les hémorroïdes qui fluent depuis long-temps. Elles dessèchent et nettoient admirablement les ulcères purulents.

Vertus du Poil.

Le *poil de l'homme* réduit en poudre, et absorbé pendant 7 ou 8 matins dans du vin blanc, dissipe la jaunisse.

Le *poil de lièvre* brûlé et mis sur une plaie, en arrête aussitôt le sang, et il guérit l'hydropique qui en boit.

Vertus du Verre.

Le verre sept fois mis au feu, et éteint chaque fois dans de l'eau de *saxifrage*, si on le réduit en poudre impalpable, et si l'on en fait boire à un graveleux, rompt les calculs dans quelque endroit qu'ils se trouvent.

Cette poudre, bue dans de l'hydromel, guérit de l'hydropisie.

Vertus des Coques d'Œufs.

Si le jaune et le blanc de l'œuf sont pour l'homme un utile aliment, la coque de l'œuf d'où vient de sortir un poussin, pulvérisée et bue dans du blanc, rompt merveilleusement les pierres et graviers des reins et de la vessie.

TRAITÉ

DE

PHYSIOGNOMONIE

LIVRE QUATRIÈME

TRAITÉ DE PHYSIOGNOMONIE

L'ART DE CONNAITRE LE NATUREL ET LES INCLINATIONS DES GENS,

PAR LA DIVERSITÉ DES PARTIES DU CORPS, ETC.

Nous sommes certains que les Curieux accueilleront avec plaisir ce petit *Traité de Physiognomonie*, qui est une science ingénieuse et naturelle, pour connaître les penchants des hommes et les propriétés des animaux.

Comme il y a des membres simples, comme la *langue* et le *cœur*, et d'autres qui sont composés, comme l'*œil*, le *nez*, etc., il y a aussi deux manières de les connaître : 1° par les signes et marques visibles ; 2° dans les songes que les Anciens nous ont expliqués.

C'est pourquoi l'on trouve beaucoup de différence entre l'homme et la femme, en ce qui regarde la physionomie ; et ce que nous allons examiner doit s'entendre proprement de celui-là, et improprement de celle-ci, qui n'est pas d'un tempérament aussi robuste.

Avant donc que de dire son sentiment, le parfait Physionomiste tiendra compte de la différence du sexe. Car, bien que l'homme et la femme se ressemblent en apparence, en les considérant attentivement on remarquera dans leur visage et les autres parties de leur corps des dissemblances assez notables pour qu'on ne puisse pas formuler sur eux une opinion identique.

Nous allons donc analyser, de la tête aux pieds, les diverses parties du corps humain, ce chef-d'œuvre que Dieu a formé de rien, ainsi que l'univers entier, dans son admirable et infaillible sagesse.

Des Cheveux.

L'homme qui a les cheveux plats, longs, de couleur blanche ou blonde, fins et doux à manier, est naturellement timide, peu fort, pacifique dans les compagnies, et toujours bien venu et agréable partout où il se trouve.

Celui qui les a gros, rudes et courts, est fort, intrépide, hardi, inquiet, superbe, le plus souvent fourbe et menteur, curieux des belles choses, plus simple que sage, quoique le bonheur l'accompagne toujours.

Les cheveux crépus marquent un homme de dure conception, ou d'une grande simplicité, et qui a souvent les deux ensemble.

Ceux qui ont beaucoup de cheveux sur le front sont simples, glorieux, sujets à la luxure, se fient facilement aux autres, croient tout ce qu'on leur dit ; ils ont peu d'esprit, et sont grossiers dans leurs discours et toujours de mauvaise humeur.

Les cheveux rudes, frisés et ressemblant à une perruque, rendent l'homme très simple, hardi, superbe, de dure conception, facile à se mettre en colère, menteur, luxurieux, méchant et enclin à faire du mal.

Celui qui a des cheveux qui frisent et qui s'élèvent tant soit peu sur le front, en sorte qu'il soit large et fort haut, est simple, ni bon ni méchant, mais fort propre pour la musique.

Ceux qui ont les cheveux épais par toute la tête sont luxurieux, de facile digestion, superbes, faciles à croire, négligents, de peu de mémoire, curieux et malheureux.

Les cheveux roux indiquent un homme envieux, malin, trompeur, superbe et médisant.

Les cheveux très blonds marquent un homme propre à tout, aimant l'honneur et la vaine gloire.

Les cheveux noirs rendent l'homme capable de venir à bout de ses entreprises, plus porté à faire du bien que du mal, prêt à rendre service, laborieux, secret et heureux.

Les cheveux blanchâtres, ou de couleur verte dite d'azur, dénotent un homme parfait, craintif, honteux, faible, grand de jugement, d'une médiocre capacité.

L'homme qui a médiocrement des cheveux et d'une couleur commune est agréable, plus enclin au bien qu'au mal ; aimant le repos, il est propre et de bonnes mœurs.

Ceux qui pendant leur jeunesse ont les cheveux

blancs, sont changeants, sujets à la luxure, superbes, inconstants et grands parleurs.

Du Front.

Le front beaucoup élevé ou rond marque un homme libéral à l'égard de ses amis et de ses parents, joyeux, de bon jugement, traitable et bien reçu de tout le monde.

Celui qui a beaucoup de peau et d'os au front est chicaneur, superbe, trompeur, plus simple que sage.

Celui dont le front est fort petit de tous côtés a beaucoup de jugement, est hardi, propre à faire du mal, courageux, curieux des belles choses, et aime l'honneur.

Le front pointu proche des tempes, comme si les os étaient en dehors, marque un homme orgueilleux, changeant, faible en toutes choses, simple et de peu de jugement.

L'homme qui a le front charnu vis-à-vis les tempes et qui a de grosses joues, est courageux, superbe, colère et de dure conception.

Celui qui a le front ridé, ovale et partagé, comme s'il en avait deux, est bon, hardi, a un grand esprit, mais la fortune lui est toujours contraire.

Le front large et grand de tous côtés, un peu rond, nu et sans poil, marque un homme courageux et d'un bon jugement, hardi, fort sujet à se fâcher, de peu de conscience, et par conséquent menteur.

Celui qui a le front long et élevé en rond, et dont

le visage vient en aiguisant proche le menton, est simple, bon, de petite complexion, assez juste et de bonne conscience.

Des Paupières.

Les paupières qui ressemblent à un arc, et qui s'élèvent en haut en clignant, marquent un homme superbe, violent, orgueilleux, merveilleux, hardi, menaçant, curieux des belles choses et adroit à tout.

Ceux dont les paupières penchent en bas quand ils parlent ou qu'ils regardent quelqu'un, sont méchants, fourbes, menteurs, traîtres, avares, paresseux, secrets et parlent peu.

Celui qui a peu de poil aux paupières est simple, superbe, faible et crédule, agréable en compagnie.

Les paupières nullement pliées en bas, marquent un homme ignorant, paresseux, soupçonneux, avare, envieux, sujet à tromper et facile à séduire.

Ceux qui ont les paupières courtes, de couleur blanche ou plombée, sont propres à tout, timides et trop faciles à croire ce qu'on leur dit.

· Au contraire, ceux qui les ont grandes et larges leur sont opposés.

Des Sourcils.

Les sourcils épais marquent un homme économe, discret, sage, curieux des belles choses, riche en apparence.

Celui qui a les sourcils longs, a peu de capacités, sauf un esprit subtil ; il est fort hardi, heureux, ami sincère et véritable.

Des Yeux.

Les grands, c'est-à-dire les gros, signifient ordinairement un homme paresseux, hardi, curieux et ne gardant pas le secret; propre à tout, point avare, superbe, un peu menteur, facile à se fâcher, de méchante mémoire et d'un esprit grossier, d'un petit jugement et beaucoup moins sage qu'il ne pense.

Ceux qui ont les yeux enfoncés dans la tête et dont la vue est étendue et longue, sont soupçonneux, méchants, emportés, de mauvaises mœurs, ont beaucoup de mémoire, sont hardis, cruels, menaçants, vicieux, sujets à la luxure, envieux et trompeurs.

Les yeux qui sortent un peu hors de la tête marquent un homme fou, sans honte, un peu prodigue, serviable, d'un esprit et d'un jugement grossiers, inconstant, changeant.

L'homme qui regarde fixement, et dont les paupières sont ouvertes, est méchant, trompeur, faussaire, menteur, envieux, épargnant, secret, impie et sans conscience.

Les yeux petits et également ronds montrent qu'un homme est honteux, faible, simple, facile à croire ce qu'on lui dit, d'un esprit grossier, d'un jugement lent, libéral.

Ceux qui regardent de côté sont trompeurs et chicaneurs, avares, envieux, menteurs, sujets à la colère et fort enclins à faire du mal.

L'homme qui a la vue variable, point fixe, est ordinairement menteur, orgueilleux, simple, luxurieux, séducteur, facile à croire ce qu'un autre lui dit, envieux, violent, curieux des belles choses et capable de faire du bien ou du mal indifféremment.

Ceux qui souvent clignent les yeux et remuent presque toujours les paupières sont luxurieux, changeants, traîtres, infidèles, présomptueux, et n'ajoutent foi à ce qu'on leur dit qu'avec peine.

Les yeux dont le blanc est marqué de taches de couleur citron signifient un homme ordinairement menteur, vain, trompeur, luxurieux, sans parole à l'égard d'une personne, assez secret, attaché à son sentiment et d'une violence démesurée.

Les yeux qui se meuvent beaucoup, dont la vue est lente, marquent un homme fort, méchant, superbe en plusieurs occasions, paresseux, menteur, infidèle, envieux, querelleur.

Ceux qui ont les yeux rouges, baignés de larmes et teints de sang, sont sujets à la colère, superbes, dédaigneux, cruels, sans honte, infidèles, menteurs ou orgueilleux, simples et de peu de capacité, enclins à la bigoterie et à l'hypocrisie.

Les yeux gros et semblables à ceux d'un bœuf, marquent un homme simple, d'un jugement lent, de méchante mémoire, et d'un tempérament grossier qui s'accoutume à toutes sortes de nourriture.

Les yeux ni trop gros ni trop petits, tirant sur le noir, marquent un homme qui aime la paix, honnête, consciencieux, d'un grand esprit, d'un jugement solide, et toujours prêt à rendre service aux autres.

Du Nez.

Le nez long et un peu délié marque un homme courageux, curieux dans ce qu'il fait, sujet à la colère, superbe, changeant en peu de temps, faible de corps et d'esprit, et facile à croire ce qu'on lui dit.

Le nez long, étendu et un peu gros en bas signifie un homme prudent, secret, serviable, passablement fidèle, honnête dans ses actions et incapable de supplanter et de donner du dessous à un ami.

Celui qui a le nez camus est violent, superbe, menteur, luxurieux, faible, changeant, croit ce qu'on lui dit, et se tourne du côté que l'on veut.

Celui qui a le nez large dans le milieu, qui est courbé en haut, est ordinairement menteur, superbe, adonné à la luxure, grand parleur et a toujours la fortune contraire.

Le nez gros et long marque un homme curieux des belles choses, simple dans le bien et assez prudent dans le mal, favorisé de la fortune, passionné dans ce qu'il souhaite, secret et moins savant qu'il ne pense l'être.

Le nez pointu, ni trop long ni trop gros, ou gros et délié, signifie un homme prompt à se mettre en colère, fort adonné à son sentiment, querelleur, de faible complexion, menaçant, et qui a beaucoup de mémoire.

Ceux qui ont l'extrémité du nez fort ronde avec de petites narines sont superbes, d'un tempérament robuste, faciles à croire, orgueilleux, libéraux et fidèles.

Ceux qui ont le nez extrêmement large et plus délié dans les coins que gros et assez rond, sont hardis à parler en public, honnêtes dans leurs actions, prompts à dire des injures, trompeurs, envieux, avares, secrets, souhaitant le bien des autres, et mal intentionnés en plusieurs occasions sans le faire paraître.

Le nez relevé en haut et long, ayant les coins

assez gros, marque un homme hardi, superbe, avare, envieux, convoiteur, luxurieux, menteur, rusé, orgueilleux, malheureux, querelleur.

Le nez qui est beaucoup élevé dans le milieu montre qu'un homme est ordinairement menteur, vain, inconstant, luxurieux, facile à croire, importun, d'un esprit exalté et d'un tempérament grossier, méchant et plus simple que sage.

L'homme qui a le nez plus rouge que les autres ne l'ont ordinairement est avare, impie, luxurieux, d'un esprit lourd, d'un tempérament grossier et d'une petite capacité.

Celui qui a le nez passablement gros et un peu plus sur les coins, aime la paix et le travail, est fidèle, secret et de bon jugement.

Ceux qui ont du poil dans les extrémités du nez et qui l'ont assez gros, et un peu dans l'endroit où il se joint avec le front, sont bien tempérés en toutes choses et changent facilement.

Le nez qui est gros partout et qui a des narines larges marque un homme d'un esprit grossier, plus simple que sage, menteur, fourbe, trompeur, querelleur, envieux, vain et glorieux.

Des Narines.

Les narines serrées et minces sont une marque qu'un homme a les intestins fort petits ; peu porté à l'amour, il est prudent, dédaigneux, menteur, fidèle, vain, glorieux et curieux des belles choses, modeste dans ses actions.

Les narines grandes et larges marquent un homme mal partagé de la nature : luxurieux, traître, vain menteur, envieux, curieux, d'un esprit grossier, avare et un peu timide.

Les narines bouchées dénotent qu'un homme est menteur, vain, superbe, aimant la guerre et d'une fortune ingrate.

De la Bouche.

La bouche grande et large lorsqu'on la ferme ou qu'on l'ouvre, marque qu'un homme est menteur, sans honte, qu'il se plaît à faire la guerre, grand parleur, porte-gazette et nouvelliste, mange beaucoup; il a l'esprit grossier et il est avare.

La bouche petite d'ouverture et d'entrée est signe qu'un homme est pacifique, timide, fidèle, secret, honteux, savant, et ne mange pas beaucoup.

Ceux qui ont mauvaise haleine et le souffle puant, ont le foie offensé; ils sont d'ordinaire menteurs, vains, lascifs, trompeurs, d'une petite capacité, fins pour surprendre, envieux, curieux, assez libéraux à leurs amis; ils aiment à dire et apprendre des nouvelles, crédules et plus simples que sages.

Celui qui a le souffle doux et de bonne odeur marque un homme propre à prendre et à donner, prudent, secret, bien fait, beau, crédule, et qui change facilement d'un côté et d'autre.

La bouche blanche, maigre ou grasse, marque un homme glorieux, vain, timide, lascif, menteur, coléreux et hautain.

La bouche grasse, petite et veinée indique un homme faible, timide, paresseux, crédule, versatile et peu délicat.

Des Lèvres.

Les lèvres fort grosses et remplies en dehors marquent qu'un homme est plus simple que sage, d'un tempérament propre à tout.

Les lèvres minces et qui sortent en dehors montrent qu'un homme est discret, secret en toutes choses, prudent, sujet à la colère, et a beaucoup d'esprit.

Celui qui a ses lèvres d'une belle couleur, plus déliées que grasses, est bien tempéré en tout, facile à changer et à se tourner plutôt du côté de la vertu que du vice.

Ceux qui ont les lèvres inégales, et dont l'une est plus grande que l'autre, ont plus de simplicité que de sagesse, sont d'un esprit grossier, d'un jugement lent, et éprouvent tantôt la bonne et tantôt la mauvaise fortune.

Des Dents.

Les dents qui sont petites, faibles, en petit nombre, courtes, marquent qu'un homme a de l'esprit, est d'une capacité délicate, honnête, juste, fidèle, secret, timide, d'une vue courte et propre au bien comme au mal.

Les dents qui ne sont pas égales en quantité, à cause de la disposition des gencives, comme quand les unes sont serrées, les autres écartées, rares ou épaisses, montrent qu'un homme est prudent, a de l'esprit, est hardi, dédaigneux, envieux, et facile à se laisser tourner du côté que l'on veut.

Ceux qui ont les dents fort longues et aiguës, un

peu écartées et fortes, sont envieux, gourmands, effrontés et sans honte, menteurs, faussaires, infidèles et soupçonneux.

Ceux qui les ont de couleur de citron, soit qu'elles soient courtes ou longues, ont plus de folie que de sagesse, sont d'un tempérament grossier, crédules, menteurs, envieux du bien d'autrui et soupçonneux.

Les dents grosses et larges, soit qu'elles sortent dehors, soit qu'elles soient écartées ou épaisses, montrent qu'un homme est superbe, lascif, d'un tempérament fort crédule, simple, faussaire, menteur et d'une petite capacité.

Les dents épaisses et fortes dénotent un homme de longue vie, curieux des belles choses, d'une conception dure, d'un esprit grossier, courageux, adonné au vin et opiniâtre dans son sentiment ; il aime à dire et à apprendre des nouvelles et est crédule.

Les dents qui sont faibles, petites, en petit nombre et minces, font connaître qu'un homme est faible, d'une vue courte, prudent, de bonne conception, facile à croire ce qu'on lui dit, ordinairement honteux, traitable, honnête, doux, et qui aime la justice et la droiture.

Celui qui en a un grand nombre et bien serrées, vivra longtemps, est sujet à la luxure, grand mangeur, hardi, fort, discret, et suit son sentiment.

De la Langue.

La langue qui est prompte et trop agitée en parlant marque qu'un homme est plus simple que sage, d'un esprit grossier, d'un jugement pervers, fort crédule, et capable du bien comme du mal.

Celui qui bégaye lorsqu'il parle est fort simple, superbe, changeant, sujet à la colère, mais sa colère ne dure pas; il est serviable, et d'une complexion faible.

Celui qui a la langue grosse et rude est prudent, malin, passablement serviable, vain, dédaigneux, secret, traître, porteur de nouvelles, acerbe et impie.

L'homme qui a la langue déliée est prudent, ingénieux, ordinairement timide, facile à croire tout ce qu'on lui dit, et se tourne du côté que l'on veut.

De l'Haleine.

L'haleine forte et violente est l'indice d'un grand esprit.

Le défaut de l'haleine provient de la petitesse des poumons ou de la corruption de la poitrine. L'animal qui a beaucoup d'haleine, est très fort et boit beaucoup.

De la Voix.

La voix grosse et forte dans le son marque qu'un homme est robuste, hardi, superbe, luxurieux, ivrogne, propre à la guerre, adonné à la colère, grand crieur et envieux.

La voix douce et faible à cause d'une courte haleine marque un homme faible, timide, d'un bon jugement, prudent et qui mange peu.

Celui qui a la voix claire et sonnante est passablement ménager, peu sincère, prudent, menteur, ingénieux, glorieux et crédule.

Celui qui a une voix qui se soutient en chantant

est assez fort et a suffisamment de l'esprit et du jugement; il est avare et désire le bien d'autrui.

La voix tremblante marque un homme envieux, soupçonneux, paresseux, glorieux, faible et timide.

La voix haute dans le son ou dans la parole est signe qu'un homme est fort, robuste, hardi, injurieux et attaché à son sentiment.

Celui qui a la voix rude, soit en chantant, soit en parlant, a l'esprit, le jugement et le tempérament grossiers.

La voix qui est trop haute ou trop basse marque un homme plus simple que sage, point délicat, peu difficile à nourrir, changeant, fort timide, menteur et facile à croire.

L'homme qui a la voix douce, pleine et agréable à l'oreille, est pacifique, secret, craintif, épargnant, sujet à se fâcher, et attaché à son opinion.

Celui qui a la voix en haussant est prompt à se mettre en colère, hardi et ferme.

Celui qui a la voix douce lorsqu'il appelle quelqu'un est faible, doux, honnête, avare et prudent.

Celui qui a la voix haute et aiguë en appelant un autre est faible, facile à se mettre en colère, hardi, prudent, méchant, assez orgueilleux et superbe.

La voix cassée, haute et aisée, est une marque qu'un homme est sot, superbe, violent, luxurieux, et qu'il croit facilement ce qu'on lui dit.

Du Rire.

Les fous rient beaucoup parce qu'ils ont la rate fort grande et fort grosse, au contraire des autres.

Celui qui rit facilement est simple, vain, superbe,

changeant, crédule, d'un jugement et d'un tempérament grossiers, serviable et peu secret.

Celui qui rit rarement et peu est constant, avare, prudent, d'un jugement subtil, secret, fidèle, et il aime le travail.

La bouche qui est contrainte en parlant marque un homme sage, fort attaché à son sentiment, ingénieux, patient, avare, habile ouvrier de sa profession, facile à se mettre en colère, et capable de faire pièce à un autre.

Au contraire, la bouche qui rit avec facilité et sans contrainte, ou bien en toussant, marque un homme variable, envieux, crédule, et girouette.

Celui qui tourne la bouche en riant ou qui fait des grimaces, est arrogant, avare, prompt et sujet à se mettre en colère, menteur et ordinairement peureux et traître.

Du Menton.

Le menton large et charnu marque un homme pacifique, d'une capacité médiocre, d'un esprit grossier, de conscience, secret, inconstant ou facile à changer.

Le menton aigu et assez plein de chair marque un homme de bon jugement, de grand cœur et d'un tempérament assez bien modéré.

Celui qui paraît avoir deux mentons séparés par une raie est pacifique, d'un esprit grossier, vain, fort crédule, raisonnablement serviable à tout le monde, fort dissimulé et caché dans ses actions.

L'homme qui a le menton aigu et charnu aime la

guerre, est hardi, facile à se fâcher, dédaigneux, timide, faible et assez serviable.

Le menton courbé, gros vers la jointure des mâchoires, charnu et comme aigu, marque un homme fort méchant, brutal, hardi, superbe, menaçant, envieux, épargnant, trompeur, prompt et facile à se mettre en colère, traître, dissimulé, voleur.

De la Barbe.

La barbe ne vient aux hommes qu'après l'âge de 14 ans, et leur croît, alors, peu à peu sur le visage et sur d'autres parties du corps.

Ces poils se forment du superflu des aliments que l'on prend et dont les vapeurs s'élèvent jusqu'aux mâchoires à peu près de la même manière que la fumée sort par les cheminées.

Il arrive quelquefois que de ces humeurs subtiles, naturellement chaudes, naissent aussi des poils sur le visage de la femme et notamment autour de la bouche. Celle qui en possède est généralement d'une nature ardente à l'amour; elle est hardie et violente.

La femme imberbe, au contraire, est timide, craintive, douce, complaisante; mais chaste et réservée.

Une barbe bien rangée et fournie, annonce un homme de bon naturel, judicieux, raisonnable, philosophe et de bonne composition.

Celui dont la barbe est mal disposée et claire, comme les eunuques ont la nature et les inclinations plus féminines que masculines.

Du Visage.

L'homme dont la figure sue facilement est d'un tempérament chaud, luxurieux, vaniteux, gourmand, peu délicat et d'un esprit grossier.

Le visage charnu marque une personne timide, joviale, libérale, discrète, amoureuse, crédule, fantasque, envieuse, versatile et présomptueuse. Elle a peu de mémoire.

Le visage maigre est le signe d'un homme laborieux, prudent, dédaigneux, plus cruel que pieux, raisonnant juste, mais de capacité médiocre.

Celui qui a le visage petit et rond est simple, timide, faible, grossier et sans mémoire.

Le visage rougeaud et bourgeonnant indique un ivrogne et un paillard, robuste et suffisant. Si les traits sont contractés, l'individu est coléreux.

Le visage long et maigre révèle un homme hardi en paroles et en actions ; superbe, querelleur, trompeur, sans pitié et libidineux.

Ni trop long ni trop rond, ni gras ni maigre, il marque un homme propre à tout, mais plus porté au bien qu'au mal. Gras et large, il est l'indice d'un esprit grossier, sans jugement, inconstant, luxurieux, vaniteux, fourbe, médisant et dissimulé.

Le visage bien uni, bien élevé sans front, marque un homme bon à tout, aimable, crédule, prudent, fidèle, patient dans les adversités.

Le visage qui va penchant, et qui est plus maigre que gras, signifie un homme jaloux, fourbe, menteur, querelleur, laborieux, orgueilleux, peu intelligent.

Plus gras que maigre et de grosseur médiocre, le visage indique un homme serviable, sincère, spirituel et ayant une bonne mémoire.

Celui qui a le visage courgé, long et maigre, est d'un esprit lourd, niais, sans conscience, et s'emportant pour des riens.

L'homme dont le visage haut va en s'élargissant du front aux mâchoires, passe de la hardiesse à la pusillanimité ; il est avare, méchant, perfide.

Le visage bien fait et d'un teint agréable, est prêt à faire le mal ou le bien suivant les circonstances.

Un homme au visage pâle est maladif, grossier, luxurieux, présomptueux, avare, jaloux, sans conscience.

Une belle et bonne figure est l'apanage de l'individu sain de corps et d'esprit, gai, crédule et capable de changer de toutes les manières.

Des Oreilles.

Les oreilles grandes et grosses marquent un homme simple, stupide, paresseux, grossier, sans jugement et sans mémoire.

Les oreilles petites et minces sont la marque d'un homme d'esprit et de jugement solide, sage, discret, pacifique, économe, pudique, serviable ; mais vain et violent.

Larges en travers ou plus longues que d'ordinaire, les oreilles indiquent un effronté, vain, paresseux, sans raison, mangeant beaucoup, travaillant peu ; mais assez serviable.

De la Tête.

La tête grande et bien ronde de tous côtés marque un homme secret, prudent dans ce qu'il fait, ingénieux, discret, constant, et de bonne conscience.

La tête qui a la bouche et le cou gras et qui penche vers la terre, est signe qu'un homme est prudent, pacifique, secret, beaucoup adonné à son sentiment, et constant dans ses entreprises.

La tête longue, avec le visage de même, grand et difforme, signifie un homme de peu de sens, méchant, fort simple, vain, crédule, envieux, et qui se plaît à dire et à entendre des nouvelles.

L'homme qui tourne la tête de tous côtés est simple, vain, menteur, fourbe, présomptueux, changeant, d'un jugement lent, d'un esprit pervers, d'une médiocre capacité, un peu libéral, et qui se plaît à faire des gazettes et à débiter des nouvelles de son invention.

Celui qui a la tête grosse, avec le visage large, est soupçonneux, fort violent, curieux des belles choses, prudent, peu délicat, secret, hardi, et presque sans honte ni pudeur.

Quand la tête est grosse et qu'elle n'est pas belle à proportion, ayant la bouche de travers et le cou gras, c'est signe qu'un homme est assez sage, prudent, secret, ingénieux, d'un jugement solide, sincère et très complaisant.

Celui qui a la tête petite, la bouche longue, peu large, est faible, mange peu, aime la science et n'a jamais beaucoup de chance.

Du Col.

Celui qui a le cou long, et les pieds longs et déliés, est simple, peu secret, timide, faible, envieux, menteur, fourbe, ignorant et changeant facilement.

Lorsque le cou est court, l'homme est prudent, avare, trompeur, secret, constant, discret, sujet à se fâcher, ingénieux, d'un vaste entendement, assez fort, aime à commander.

Des Bras.

Les bras longs qui vont jusqu'aux genoux, quoique cela arrive rarement, marquent un homme libéral, hardi, superbe, violent dans ses fantaisies faible, simple, qui songe peu à ce qu'il fait, et glorieux jusqu'à la sottise.

L'homme qui a les bras fort courts, à proportion de son corps, est courageux, ingrat, hardi, envieux, superbe, sot et avare.

Celui qui a les os des bras gros et charnus tout ensemble, est fort, superbe, assez présomptueux, envieux, curieux des belles choses et facile à croire.

Lorsque les bras sont gros et pleins de muscles, l'homme est glorieux jusqu'à la sottise, curieux, se plaît à certaines choses, plus fou que sage dans ses entreprises.

Quand les bras sont velus, soit qu'ils soient maigres ou gras et peu charnus, c'est une marque que la personne est d'une petite capacité, faible, fort jalouse et assez méchante.

Des bras qui n'ont point du tout de poils marquent un homme d'une médiocre capacité, violent dans sa colère, facile à croire, vain, lascif, menteur, faible, trompeur et subtil à faire du mal.

Des Mains.

Les mains tendres, grasses et longues, marquent un homme d'un bon jugement, facile à prendre pour, qui aime la paix, qui a bonne conscience, discret, serviable et d'assez bonne conversation.

Ceux qui ont les mains grosses et courtes ont l'esprit grossier, sont simples, vains, menteurs, fort laborieux, fidèles, faciles à croire et ne gardent pas longtemps leur colère.

Ceux qui ont les mains velues, de gros poils, les doigts gros et courbes, sont luxurieux, vains, menteurs, d'un esprit grossier, plus simples que sages.

Les mains courbées et élevées en haut sur les doigts marquent un homme libéral et serviable, d'une bonne capacité, prudent, brutal, envieux, qui garde sa colère, d'un bon jugement, passablement secret.

De l'Estomac.

L'estomac gras et large marque un homme fort, hardi, superbe, avare, sujet à la colère, tracassier, curieux, envieux et prudent.

Ceux qui ont l'estomac étroit et élevé dans le milieu sont d'un esprit et d'un jugement subtils, donnent de bons conseils, sont sincères, propres, ingénieux, prudents, sages, faciles à se fâcher et assez secrets.

L'estomac velu désigne un homme luxurieux, fort prudent, d'une capacité un peu dure, libéral, laborieux et serviable aux autres.

Quand l'estomac n'est point velu, on est faible et d'une petite capacité.

Lorsque l'estomac est égal, plat, maigre et sans poil, l'homme est timide, d'une vie bien réglée, a de l'esprit, assez de capacité, il aime la paix, et sait garder un secret.

Du Dos.

Le dos velu, maigre et bien élevé, marque un homme sans honte, malin, brutal, d'un jugement pervers, faible, peu accoutumé à la fatigue et paresseux.

Celui qui a le dos grand et gras, est fort, grossier, vain, lent, paresseux et enclin à la boisson.

Lorsque le dos paraît mince et large, plus maigre que gras, l'homme est faible, de couleur pâle au visage, vain, querelleur, facile à croire ce qu'il entend.

Du Ventre.

Le ventre gros de panse marque un homme peu scrupuleux, grand mangeur et qui boit beaucoup, lent, courageux, glorieux jusqu'à la sottise, fourbe, paillard, menteur.

Le ventre large et étendu marque un homme laborieux, assez constant, prudent, d'un bon jugement et de capacité.

Ceux qui ont le ventre velu, surtout depuis le nombril jusqu'au bas, sont grands parleurs, hardis, prudents, fort consciencieux, passablement propres à tout, savants, prennent facilement peur, complaisants à leurs amis, de grand cœur et peu heureux.

De la Chair.

La chair molle et tendre par tout le corps marque un homme faible, heureux, timide, d'un bon jugement, qui mange peu, fidèle, qui a plutôt la fortune contraire que favorable.

Ceux qui ont la chair dure et rude sont forts, hardis, de dure conception, vains, superbes, plus forts que sages, et toujours malheureux.

Lorsque la chair paraît grasse et blanche, on est

vain, glorieux jusqu'à la sottise, stupide, pudique, modeste, prudent, et difficile à croire ce que l'on dit.

Des Côtes.

Les côtes grasses et charnues marquent un homme fort lent, très simple.

Celles qui sont déliées, minces et peu couvertes de chair, marquent un homme faible, peu propre au travail, prudent, mais consciencieux et juste.

Des Cuisses.

Les cuisses velues montrent un homme paillard.
Celui qui a les cuisses imberbes est chaste, faible et impuissant.

La cuisse mal faite est celle d'un individu froid, faible, timide et versatile.

Des Hanches.

Ceux qui ont les hanches pulpeuses sont forts, hardis et superbes.

Des Genoux.

L'homme qui a les genoux gras est timide, libéral, vain, peu laborieux : au contraire celui qui les a maigres, est fort, hardi, grand marcheur, fait à la fatigue, et secret.

Des Jambes.

Ceux qui ont des gros os aux jambes ou qui les ont bien velues, sont forts, hardis, prudents, secrets, d'un esprit grossier, paresseux, lents et d'une dure capacité.

Les jambes petites, et avec un peu de poil, marquent un homme faible, timide, d'un bon jugement, fidèle et serviable.

Les jambes qui n'ont point de poil du tout marquent un homme chaste, faible et craintif.

Lorsque les jambes sont bien velues, c'est un signe évident qu'un homme est luxurieux, robuste, simple, inconstant et rempli de méchantes humeurs.

Des Chevilles.

Les chevilles des pieds, grosses, grasses, assez fortes et élevées, marquent qu'un homme a de la pudeur, qu'il est timide, craintif, faible, peu laborieux, prudent, fidèle et traitable.

Ceux qui ont les veines qui paraissent sur les chevilles des pieds sont hardis, forts, superbes et violents.

Des Pieds.

Les pieds grands, c'est-à-dire gras de chair, longs, en figure, et dont la peau est dure, marquent un homme simple, fort, d'un tempérament grossier, d'un jugement lent et vain.

Ceux qui ont les pieds agiles, maigres et tendres, sont d'un beau jugement, d'un esprit relevé, timides, faibles, prudents, peu laborieux et crédules.

Des Ongles.

Les ongles minces, d'une bonne couleur ou pâles, assez longs, marquent qu'on se porte bien.

Des Talons.

Ceux qui ont les talons petits et maigres prennent facilement peur, sont craintifs et faibles.

Ceux qui les ont grands et gras sont secrets, forts, hardis, propres à la fatigue et plus fous que sages.

De la Plante des Pieds.

On peut connaître à la plante des pieds les choses heureuses ou malheureuses qui arriveront à un homme ; ses inclinations, ses mœurs, et s'il vivra longtemps.

Cependant on remarquera que les plantes des pieds qui ont des longues raies, présagent plusieurs dangereuses maladies, des peines, la pauvreté et la misère ; celles qui en ont de courtes, marquent toutes sortes de malheurs.

La peau de dessous les pieds qui est grasse et dure marque qu'un homme est fort, solide, subit, et d'un tempérament chaud.

Du Marcher.

Celui qui marche lentement et à grands pas n'a pas beaucoup de mémoire, a l'esprit grossier, le jugement bouillant, est avare, hait le travail et ne croit pas facilement ce qu'on lui dit.

L'homme qui marche vite et à petits pas est prompt dans ce qu'il fait, ingénieux, et d'une capacité délicate.

Quand une personne marche à grands pas et de

travers, elle est simple, d'un tempérament grossier, rusée à faire du mal, cela se voit dans le renard.

Du Mouvement d'une Personne.

Lorsqu'une personne qui est en repos, soit qu'elle parle, soit qu'elle soit assise, ou debout, sur ses pieds, remue les mains, les pieds, la tête, etc., sans nécessité, c'est une marque qu'elle est malpropre, indiscrète, médisante, vaine, inconstante, menteuse et peu fidèle.

Celui qui se meut peu en parlant est assez propre à tout, il est prudent, avare, serviable, constant et d'un bon jugement.

L'homme qui se remue promptement et sans sujet, en devant ou en derrière, est simple, d'un esprit grossier, et fort enclin au mal.

L'homme qui boite en se remuant est méchant, menteur, faux dans ses paroles, envieux, désire le bien d'autrui, et assez propre à tout faire.

Des Bosses.

Ceux qui sont bossus sont prudents, spirituels; ils ont peu de mémoire, sont trompeurs et passablement méchants.

Celui qui a une bosse devant est de peu de parole, plus simple que sage.

Du Corps Humain.

Un homme grand, droit, plus maigre que gras, est hardi, cruel, superbe, grand crieur, glorieux jusqu'à la sottise, qui garde sa colère, avare présomptueux, il ne croit pas facilement ce qu'il entend, souvent menteur et méchant en plusieurs occasions.

Le corps long et assez gras marque qu'un homme est fort, infidèle, d'un esprit grossier, ingrat et dissimulé.

Celui qui est grand, maigre et délié, est peu sage, vain et menteur, d'un tempérament robuste, inquiet dans ses désirs, facile à croire ce qu'on lui dit, lent dans tout ce qu'il fait, et grandement attaché à son opinion.

Quand le corps est court et gras, il marque un homme vain, envieux, jaloux, plus simple que sage, d'un esprit stupide, assez serviable, crédule, et qui garde longtemps sa rancune.

Celui qui est petit, maigre et bien fait, est naturellement prudent, ingénieux, épargnant, superbe, hardi, secret, glorieux, assez sage, d'un bon jugement et fort dissimulé.

Le corps qui penche sur le devant naturellement, non à cause de la vieillesse, est prudent, secret, stupide, grossier, sévère, épargnant, laborieux, d'une longue colère, et qui ne croit pas facilement ce qu'on lui dit ; au contraire, le corps qui penche par derrière, marque un homme stupide, d'un jugement médiocre, d'un tempérament robuste, vain avec peu de mémoire et versatile en toutes choses.

Type de l'Homme Parfait.

Si vous trouvez un homme : grand, gros, beau, bien fait, simple, bon, miséricordieux, sans envie ni vanité ; intelligent, industrieux, sincère, fidèle, ne croyant pas sans raison, ne s'effrayant pas facilement ; prudent, sobre, économe, honnête dans la pauvreté en se servant de ses richesses sans faire tort aux malheureux ; marchand consciencieux et ne vendant pas à faux poids, homme de bien, enfin, n'ayant pas d'ennemis, rendez-en grâce à Dieu seul, parce qu'un pareil mortel ne peut être que l'œuvre d'une puissance divine et surpasse le cours de la Nature ordinaire.

Conclusion de ce Traité.

Le bon physionomiste doit savoir parfaitement bien tout ce que l'on a dit dans les chapitres précédents pour ne pas tomber dans l'erreur.

Il lui faut avant tout, examiner avec soin tous les témoignages et les conjectures de chaque partie du corps d'une personne, pour s'en former une appréciation générale, d'après le plus grand nombre de détails qu'il aura observés sans s'arrêter à telles ou telles particularités qui peuvent être contradictoires, ayant des marques opposées.

Par exemple, les *Mains*, les *Jambes* et les *Pieds* n'ont pas souvent les mêmes signes que la *Tête*, les *Yeux*, etc.

De plus on aura égard à l'âge, aux penchants et au tempérament des individus, qui compléteront le jugement vrai.

Nous croyons que ces explications suffisent pour tracer, d'après le physique, le portrait moral des hommes.

RECETTES CONTRE LA PESTE
ET LES POISONS

Des Fièvres Malignes.

Ce traité, traduit d'un manuscrit trouvé dans une ancienne bibliothèque, a été composé par *Albert le Grand*, pour conjurer les épouvantables effets d'une cruelle épidémie des fièvres malignes.

Ces fièvres sont aiguës, accompagnées des vers et boutons purulents qui caractérisent le *pourpre* et révèlent une grande corruption.

Un feu brûlant, qui sèche la langue et la charge de suie ; une soif insatiable, le pouls lent et le cœur en continuelle défaillance.

Ces maladies sont ordinairement mortelles et plus dangereuses en été qu'en hiver, parce que la chaleur, activant la corruption, fait passer le venin dans toutes les parties essentielles du corps.

Des Remèdes.

Ils sont de deux sortes : Les *Divins* et les *Naturels*.

Les Divins consistent dans les prières et dans la confiance qu'on doit avoir en Dieu, pour qu'il nous délivre de tous maux et de tous dangers.

C'est ce moyen qu'employèrent avec succès, dans les cas de calamités publiques, Moïse, Aaron, David et autres saints prophètes juifs.

Les Païens eux-mêmes, en Grèce comme à Rome, implorèrent et obtinrent du Ciel d'être délivrés du terrible fléau de la peste.

Les Chrétiens ont recours aussi à la prière et aux cérémonies religieuses, pour s'attirer la protection céleste.

Les Remèdes Naturels sont de trois espèces ; *internes, externes* et *hygiéniques.*

REMÈDES INTERNES

Les *remèdes internes* sont : la purgation, la saignée, les Simples et les Composés.

Bol purgatif.

Prenez de la casse nouvelle, 3 kil.; de la réglisse concassée, 3 ; de la canelle, 4 grains, et formez-en un *bol* avec du sucre.

On en boit le matin, 3 heures avant le repas.

Tisane purgative.

Cette tisane se fait avec demi-once de réglisse bouillie dans deux pintes d'eau.

Après l'avoir laissée réfroidir et macérer pendant vingt-quatre heures, vous y tremperez 2 drachmes de séné d'Orient et vous en boirez pendant deux jours aux repas et à toute heure.

On en fait de nouvelle de deux en deux jours.

Pour faire respirer et éventer les humeurs qui croupissent, il est bon de pratiquer une saignée à la veine médiane droite : à défaut, on prendra les :

Pilules Cordiales.

Aloës, ℥ ɩʟɪ, myrrhe, ℥j; des feuilles de dictame ou bol d'arménie, des racines d'angélique, du safran et de l'huile fraîche d'amandes douces exprimée sans feu.

On en composera des petites boules enveloppées dans de la baudruche mouillée; et l'on en prendra trois fois par semaine, quatre heures après souper.

Si l'on se sert de ces remèdes comme il est dit, on se préservera du mal si redouté.

Conserve Cordiale.

Au lieu des pilules on peut faire une pâte avec 3 onces de citron, zeste et graine, râpés et pilés; on y ajoutera 3 onces de conserve de roses liquide, 2 drachmes d'alkermès, 30 feuilles de rue à demi desséchées.

De deux en deux jours, on en avalera, le soir en se couchant, la grosseur d'une demi-muscade.

Du Citron et de la Rue (Antidotes).

Le venin des aspics est si prompt qu'il vous tue en moins de deux heures. A l'instant de la morsure, surviennent une douleur et une sueur froide au visage, puis une envie extrême de dormir, avec une légère agitation presque agréable; enfin, une défaillance à laquelle on succombe.

C'est ce genre de mort que choisit *Cléopâtre*. On la trouva avec ses deux suivantes comme endormie, la joue soutenue de la main droite, ce qui indiquait une douce mort.

En Égypte, les criminels étaient condamnés à être piqués par des aspics.

Deux malheureux étaient, un jour, conduits au lieu du supplice, quand une fruitière, émue de compassion, leur donna en passant un citron qu'ils mangèrent, et la mortelle piqûre ne leur fit aucun mal.

Le juge surpris, ayant eu connaissance du fait, les fit ramener le lendemain et fit déguster du citron à l'un des condamnés qui resta indemne, tandis que l'autre expira sur-le-champ.

Quant à la Rue, on sait que *Mithridate* composait son contre-poison, en pilant et mêlant ensemble :

> 2 noix sèches,
> 2 figues,
> 20 feuilles de rue,
> 1 grain de sel.

On peut aussi remplir une figue, d'une noix sèche, de 5 feuilles de rue et d'un grain de sel pilés et mis en pâte; puis, l'ayant fait rôtir un peu sur la braise on l'avale en se couchant.

Les vertus de la rue sont excellentes, comme antidote contre l'aconit, les potirons vénéneux, les piqûres de serpents, de scorpions et la morsure du chien enragé.

Il faut en boire et en appliquer sur la blessure.

« Quand la belette, dit Aristote, veut se battre avec le serpent, elle mange de la rue pour se garantir du venin. »

Cléarchus, roi de Pont, ayant fait empoisonner bon nombre de ses sujets, le peuple, comme préservatif, mâchait de la rue avant que de sortir.

Mithridate et Thériaque.

Le *Mithridate* fut inventé par le roi de ce nom, qui y fit rentrer tous les simples qu'il savait opposés aux poisons, et guérissant même la peste.

La *Thériaque* n'en diffère que par l'addition de la chair de vipère; mais le *Mithridate* est plus doux à la nature, plus agréable et moins échauffant.

Ce roi s'était si bien accoutumé à l'effet de son antidote, qu'ayant voulu s'empoisonner pour ne pas tomber vivant aux mains de ses ennemis, il fut contraint de se faire poignarder par un de ses esclaves.

L'empereur *Antoine* préférait la Thériaque, qu'il prenait tous les jours, ce qui le maintenait en parfaite santé; car ces remèdes purifient le sang, fortifient les organes. Ils sont merveilleux contre la paralysie, l'épilepsie, l'apoplexie, l'hydropisie, la pierre, la lèpre, la goutte et autres maladies dangereuses.

Si l'on en met dans la gueule d'une vipère, on

est sûr qu'elle en mourra ; si l'on en mâche dans sa bouche et que l'on crache sur un scorpion, il en crève.

Ayant fait avaler de la thériaque à un coq, vous pourrez le laisser se battre contre des serpents, il n'en craindra pas les morsures.

Il entre dans la thériaque plus d'un grain d'opium par drachme des autres drogues. Les personnes tempérées peuvent en user sans crainte, mais pourtant sans excès.

On en prend 20 grains le matin, quatre heures avant le déjeuner ; ou le soir, quatre heures après le souper. Faire des repas sobres.

Ce remède n'est supérieur que quand il a vieilli pendant douze ans et plus. Il conserve la même vertu pendant au moins quarante années.

Il ne convient pas aux enfants, mais il est souverain pour les vieillards.

REMÈDES EXTERNES

Purification de l'air.

Hippocrate enraya à Athènes les effets de la peste, en faisant allumer des feux dans l'intérieur et aux alentours de la ville.

On doit faire la même chose autour des habitations et même dans les chambres, avec des désinfectants tels que : genièvre, laurier, romarin, sauge, thym, lavande, girofle, canelle, encens, myrrhe, mastic.

Cette fumigation doit être réitérée plusieurs fois par jour : il est bon de respirer l'odeur de ces parfums. Le vinaigre seul, si l'on y jette souvent des cailloux ardents, est excellent pour purifier l'air.

Le plus prudent serait de s'éloigner des lieux contagieux ; mais si l'on est forcé d'y rester, il faut avoir soin d'agiter constamment l'air autour de soi.

Du Régime de vie.

Comme mesure d'hygiène, il convient de ne manger ni trop ni trop peu : l'excès de nourriture charge et accable les organes d'une surabondance d'humeurs ; la diète exagérée ne laisse plus assez de force pour supporter les atteintes du mal.

Le sommeil prolongé, la paresse, de même que les veilles et l'abus du travail sont également nuisibles.

En fait de fruits, s'en abstenir. Cependant les Olives sont fortifiantes, les Câpres nettoyent le foie et la rate ; les Pruneaux rafraîchissent le foie et les autres organes ; les Figues, les Raisins de Damas et les amandes purgent les obstructions des veines et purifient les poumons et la poitrine. La Cerise est aussi saine et bonne, pour empêcher la corruption des humeurs.

Boire modérément du petit vin délicat, de préférence aux crus épais et alcoolisés, et l'additionner d'eau.

Autant que possible, éviter les accès de colère, les inquiétudes et les chagrins, et avoir l'esprit calme et gai.

De la Saignée.

La Saignée est nécessaire à ceux qui ont beaucoup de sang, avec des douleurs, inflammation, oppression et autres accidents.

On doit pourtant prendre garde de ne tirer qu'une quantité de sang proportionnelle aux forces de l'individu.

L'expérience et la raison veulent que l'on saigne du côté où est le mal, c'est-à-dire où l'on sent plus de douleur et de pesanteur.

Pour le cou et la tête, ouvrir la veine *céphalique;*

Pour la poitrine et les aisselles, la *médiane;*

Pour les aines et le bas, la *saphène.*

Les *Ventouses* avec scarification suppléent, au besoin, la saignée.

Précautions.

Il faut toujours prévenir le mal et le combattre avant qu'il n'ait pris racine.

On commencera donc par la potion cordiale, réitérée jusqu'à trois fois en une heure. Si on la vomit, qu'on donne un lavement et qu'on saigne promptement, car, une fois le bubon formé, la médication serait nuisible.

Tous ces remèdes peuvent se faire en deux heures, et ainsi disposer le malade à la transpiration.

Du Bubon et du Charbon.

Souvent les fièvres pestilentielles se déclarent sans signes apparents et sont plus dangereuses;

d'autres fois, on les reconnaît par l'apparition du pourpre, du bubon, ou du charbon.

Le Pourpre cède d'ordinaire à la médication précédente; mais le Bubon et le Charbon réclament des soins spéciaux, suivant qu'ils se déclarent avant ou après la fièvre.

On fera aboutir le premier avec de bons attractifs; on calmera l'inflammation de l'autre par de douces applications.

Cataplasme contre le Bubon.

Mêlez ensemble de l'ognon cuit sous la cendre et pilé avec quelques jaunes d'œufs, de la fiente de pigeon et du levain, délayés dans de l'huile de lis. Quelques-uns y ajoutent du Mithridate ou de la Thériaque.

La scabieuse bouillie, pilée, puis mêlée à du sain-doux fait aussi un énergique cataplasme.

Pour empêcher le virus de remonter au cœur, certains praticiens y appliquent promptement le cautère et enlèvent en même temps l'escarre pour faire sortir les humeurs.

Si l'endroit douloureux le permettait, on pourrait se servir de vésicatoires et de ventouses.

L'important est de faire souffrir le patient le moins possible et ne rien entreprendre sans réflexion. Si l'on ne peut appliquer le cataplasme sur la tumeur même, on le posera au-dessous ou tout près; ou bien on la fomentera avec quelque décoction anodine.

Cataplasme contre le Charbon.

Prenez des feuilles de mauve, guimauve, scabieuse, violette, pariétaire, camomille et mélilot, 3 poignées de chacune, plus une once de graine de lin; faites bouillir et mêlez à cette décoction un quart d'huile de lis et un peu de thériaque. Mettez-en, sur le mal, des cataplasmes à toute heure.

Les mucilages de coing et de lin extraits dans une infusion de pariétaire, ou la scabieuse et l'oseille cuites sous la cendre et mises en cataplasmes avec des jaunes d'œufs et du beurre frais sont aussi excellents, en les renouvelant le plus souvent possible.

On fait encore des cataplasmes souverains en délayant dans de l'eau de fontaine :

3 onces de farine de seigle;
1 once 1/2 de miel commun;
2 jaunes d'œufs.

Réitérer le pansement au moins six fois par jour.

Contre la Pulmonie.

Dans quatre pots d'eau, faites cuire 4 capillaires et une racine de chicorée amère. Quand le liquide est réduit de moitié, enlevez les capillaires, mettez dans l'infusion une cuillerée de miel, faites bouillir un quart d'heure et ajoutez un bâton de réglisse.

En faire boire aux malades à toutes les heures, hors du repas.

Contre l'Hydropisie.

Prenez 6 onces de racine de Bryone ou Couleuvrée, raclez-les bien, coupez-les en rondelles et laissez-les infuser dans du vin blanc, sur de la cendre chaude, du soir au matin.

Passez le liquide dans un linge blanc et faites-en boire au malade.

S'il ne guérit pas à la première potion, il faut recommencer, mais, chaque fois, à deux jours d'intervalle.

Trois heures après qu'il a bu, lui faire prendre un bouillon.

Ce remède fait vomir, purge un peu et fait beaucoup uriner.

N. B. — Cette recette, étant énergique, ne convient qu'aux personnes robustes.

TABLE DES MATIÈRES

LIVRE PREMIER

Astrologie.

LIVRE DEUXIÈME

III. — VERTUS DE CERTAINS ANIMAUX

LIVRE TROISIÈME

Curiosités merveilleuses.

I. — MYSTÈRES NATURELS

II. — PROPRIÉTÉS SALUTAIRES DES FIENTES

III. — Propriétés hygiéniques diverses

LIVRE QUATRIÈME

Traité de Physiognomonie.

APPENDICE

RECETTES CONTRE LA PESTE ET LES POISONS

REMÈDES INTERNES